Chihuahuas für Anfänger

Starthilfe für Anschaffung, Haltung, Gesundheit und Pflege

Elisabeth Engler
Dominika Lochbihler

Chihuahuas für Anfänger

Starthilfe
für Anschaffung, Haltung,
Gesundheit und Pflege

Bibliografische Information der Deutschen Nationalbibliothek
Die Deutsche Nationalbibliothek verzeichnet diese Publikation in der Deutschen Nationalbibliografie; detaillierte bibliografische Daten sind im Internet über http://dnb.d-nb.de abrufbar

Text- und Umschlaggestaltung: Elisabeth Engler
Fotos: Elisabeth Engler

ISBN 9783934473874

CBV Compbook Verlag
Karl-Heinz Engler
Kirchbergstr. 17
85402 Kranzberg
compbook@gmx.de

Herstellung und Vertrieb
Books on Demand GmbH
In de Tarpen 42
D-22848 Norderstedt
E-Mail: info@bod.de

Hinweis:
Alle in diesem Buch gemachten Angaben wurden von der Autorin nach bestem Wissen erstellt und mit größtmöglicher Sorgfalt geprüft. Eine Haftung oder Garantie durch Verlag oder Autor für mögliche Folgen oder inhaltliche Unrichtigkeit kann jedoch nicht übernommen werden. Jegliche Haftung wird ausgeschlossen.
Ist Ihr Hund ernsthaft erkrankt oder dauert eine Gesundheitsstörung länger als 3 Tage an, sollte ein Tierarzt oder Tierheilpraktiker konsultiert werden.

FSC
www.fsc.org
MIX
Papier aus verantwortungsvollen Quellen
Paper from responsible sources
FSC® C105338

Inhalt

Vorwort – ein Anliegen an den Hundebesitzer

Chihuahuas werden aufgrund ihrer geringen Größe, ihres leichten, angenehmen Gewichtes und des Kindchenschemas, das der Apfelkopf widerspiegelt, und aufgrund des Modetrends schnell als Kind oder Baby angesehen und auch so gehalten.
Sicherlich findet der Chihuahua es klasse, wenn er viel mit Ihnen mitkommen darf, zur Not auch in einer Tasche. Da er die Gefahren, die beispielsweise in einem Einkaufszentrum auf ihn warten, nicht abschätzen kann, kann dies durchaus sinnvoll und angebracht sein.
Dass er im Bett schlafen darf (meistens zumindest), unterscheidet ihn auch nicht unbedingt von anderen, auch größeren Rassen (sogar der Ridgeback findet sich gerne dort ein, nur benötigt der eben ***ein wenig*** mehr Platz).

Doch bitte bedenken Sie:
Der Chihuahua ist, egal wie niedlich er auch sein mag, ein Hund – und nichts anderes. Er selbst würde Ihnen sagen, wenn Sie ihn fragen könnten, dass er ***sich selbst*** auch als Hund (wenn auch als recht großer natürlich) betrachtet und genauso behandelt werden möchte! Er will spielen, laufen, sausen, flitzen, ganz normales Hundefutter bekommen, nicht zu einem dicken, fetten unförmigen und asthmatischen Klops herangefüttert werden! Er will andere Hundegefährten treffen, mit denen er sich auch einmal auseinandersetzen muss. Er will nicht von Ihrem Arm auf den anderen hinunter kläffen und sich dabei toll vorkommen – ***denn das alles macht ihn zu einem asozialen Hund, einem Hund, der eigentlich keiner mehr ist!***

V-erziehen Sie bitte Ihren Hund nicht zu einem überkandidelten Handtaschenbewohner, am besten in einem netten Matrosenanzug!
Chihuahuas sind auch so die besten Gefährten und Freunde und Tröster, die man sich vorstellen kann! Dazu braucht es all dies eben nicht! Nehmen Sie ihn mit, wohin Sie auch gehen – sofern dies für ihn auch sinnvoll ist! Eine verrauchte Diskothek mit lauter Musik ist ***eben nicht*** der richtige Ort für ihn. Da ist er lieber daheim in seinem Körbchen und träumt von Ihnen!

Erziehen Sie ihn! Lassen Sie sich nicht einwickeln vom Charme des Chihuahuas und ihm dafür alles durchgehen, was ihn im Endeffekt nur zu einem unangenehmen Zeitgenossen macht! Setzen Sie sich durch, wenn es nötig ist – er wird Sie dafür umso mehr lieben – denn das ist seine Natur: als Hund, als Rudeltier!

Vielen, vielen Dank im Sinne Ihres Chihuahuas …
und stellvertretend im Namen aller Chihuahuafreunde!

Elisabeth und Dominika

Die Rasse Chihuahua

Herkunft

Der „kleinste Hund der Welt“ gehört zu den wohl ältesten Hunderassen der Welt. Es wurden Skelette gefunden, die angeblich aus dem 3. Jahrhundert v. Chr. stammen. Ursprünglich soll er aus Mexiko stammen.
Andere Theorien behaupten, der Chihuahua sei europäischen Ursprungs, nämlich von der Insel Malta. In der Tat sind auf einem Fresko des italienischen Künstlers Botticelli Hunde abgebildet, die ihm sehr ähneln. Spanier sollen ihn dann später auf den amerikanischen Kontinent gebracht haben. Beide Thesen sind interessant, bleiben aber nichtsdestoweniger eben nur Theorien – die Herkunft des Chihuahuas bleibt geheimnisvoll. Sicher ist aber, dass der er bereits von den Tolteken gehalten wurde, einem kriegerischen Volk, das in den Hochtälern von Mexiko lebte, und denen er als heilig galt.
Um 1850 wurden Touristen auf die kleinen Hunde der Indianer aufmerksam. Gegen 1880 wurde das Eisenbahnnetz in Mexiko ausgebaut, die ersten Tiere erworben und nach Nordamerika importiert. Dies war der Beginn einer erfolgreichen Rassekarriere!

Standard und Varianten

Erscheinungsbild

Der **Kopf** des Chihuahuas hat die Form eines Apfels, (sogenannter „Apfelkopf“) und einen ausgeprägten Stop mit kurzem, sich zur Spitze hin verjüngenden Fang. Typisch sind die großen, breiten, in Ruhestellung im 45° Winkel abstehenden Ohren.
Die großen, ausdrucksvollen **Augen** haben eine runde Form und sind meist sehr dunkel gefärbt (helle Augenfarbe ist zwar zugelassen, aber nicht erwünscht). Eine übertriebene Zucht kann zu überempfindlichen Augen und Atem- oder Zahnproblemen führen.
Trotz seiner Kleinheit ist der **Körper** recht kompakt, erwünscht wird eine fast quadratische Körperform, nur etwas länger als hoch, vor allem bei Rüden. Hündinnen dürfen auch einen längeren Körper haben, sie erleichtert ihnen die Trächtigkeit. Die **Läufe** sollen nicht zu fein, gerade und gut bemuskelt sein.
Die mäßig lange **Rute** trägt er stolz erhoben über den Rücken, sie hat eine gebogene oder halbkreisförmig gerundete Form. Die Spitze der Rute ist gegen die Lendendirektion gerichtet.
Der Standard erlaubt die alle möglichen **Farben** und Schattierungen: reinweiß, über weiß mit cremefarbenen Abzeichen, cremefarben, tricolor (dreifarbig)

braun, schokofarben und andere, bis hin zu rein schwarz.
Das **Idealgewicht** eines Chihuahua liegt zwischen 1,5 und 3 kg. Der nicht vorgeschriebene **Widerrist** liegt erfahrungsgemäß meist zwischen 15 und 22 cm.

Die Zucht mit Hündinnen unter 1,5 kg wird in der Regel von den Vereinen verboten. Auch Rüden mit ähnlich geringem Gewicht sollten nur bedingt zur Zucht verwendet werden, da sie zu sehr belastet würden.

Varianten

Wir unterscheiden zwei Varianten des Chihuahua:

- **Langhaar** sowie
- **Kurzhaar**

Der **langhaarige Chihuahua** hat feines, seidiges, langes Haar. Eine nicht zu dichte Unterwolle wird gewünscht. Die Ohren, der ausgeprägte Halskragen, die Hinterseite der Vorder – und Hinterbeine, die Läufe und die Rute sind befedert. Das Haar ist entweder glatt oder ganz leicht gewellt.
Die Fellpflege ist schnell erledigt, aber grundsätzlich macht ein längeres Fell eben etwas mehr Arbeit als kurzes!

Der **kurzhaarige Chihuahua (siehe Foto)** besitzt dichtes, kurzes Haar, welches geschmeidig an Kopf und Körper anliegt. Eine leichte Unterwolle ist zulässig. Haarlose Tiere werden nicht akzeptiert.

Der Kurzhaarvariante wird nachgesagt, dass sie dominanter und aggressiver als die Langhaarvariante sei. Da dies aber sehr charakterbezogen ist, möchten wir uns dieser Meinung nicht wirklich anschließen. Nach unserer Erfahrung gibt es ebenso ruhige und harmoniebedürftige Kurz - wie auch Langhaar-Chihuahuas. Und ebenfalls extrem dominante und aktive Langhaar wie auch Kurzhaar. Dieser neigt etwas mehr zu hervorquellenden (und dadurch auch empfindlichen) Augen als der Langhaar.

Verallgemeinerungen sind schwierig und Sie könnten eben jene berühmte Ausnahme erwischen, daher nehmen wir davon lieber Abstand. Lassen Sie sich

von dem Züchter, bei dem Sie sich Welpen ansehen, beraten, wie er selbst seine Hunde einschätzt, er kennt sie am besten.
In Deutschland ist Kurzhaar nicht so oft vertreten und oft teurer als Langhaar. In den USA dagegen finden sich mehr Kurzhaarzuchten. Dies schlägt sich auch im Preis nieder. Auch die Beliebtheit der Varianten ist Modetrends unterworfen.
Im Übrigen sind kurze Haare natürlich sowohl in der Pflege als auch in der Reinigung des Haushaltes weniger aufwändig als lange Haare. Es soll Allergien geben, die sich nur auf kurzes oder langes Tierhaar beziehen.

Auch vom Körperbau her gibt es unterschiedliche Typen:

- **Cobby Typ**, der einen etwas gedrungenen Körperbau aufweist und den
- **Deer Typ**, mit längeren Beinen und leichtem Knochenbau

Typisch Chihuahua?

Vom Charakter her ist der Chihuahua mutig (Ausnahmen bestätigen die Regel!), treu, sehr intelligent, aufmerksam, wachsam (auch die gefährlichsten Vögel und Eichhörnchen werden vertrieben!), lebenslustig, ein guter Hausgenosse und freudiger Begleiter in allen Lebenslagen. Er kann sich, wenn er dazu in der Laune ist, mit anderen Artgenossen anfreunden, egal welche Größe sie haben. Andere Kleinhunde werden aber meist bevorzugt. Leider neigt er allerdings auch dazu, sich zu überschätzen, was bei Konfrontationen einiges an Gefahrenpotential birgt.

Grundsätzlich steht er gerne im Mittelpunkt der allgemeinen Aufmerksamkeit und besteht auf das, was er als sein Recht ansieht. Bekommt er dieses nicht in dem von ihm vorgestellten Maße, reagiert er schnell beleidigt, kann (vor allem die „Damen“) recht „zickig“ werden. Eifersuchtsanfälle sind dann durchaus realistisch. Dies muss, zum Beispiel wenn ein neues Familienmitglied oder ein neuer Partner ins Haus kommt, unbedingt ernst genommen werden und der Hund mit viel Einfühlungsvermögen an die neue Lebenssituation eingewöhnt werden. Ansonsten besteht die Gefahr, dass er auch einmal zuschnappt, was wir unbedingt vermeiden wollen!

Vom Temperament her sind Chihuahuas recht unterschiedlich, die meisten toben gerne einmal durch die Gegend, freuen sich dann aber wieder auf ein gemütliches Nickerchen – am besten auf der Couch! Überhaupt bevorzugen sie weiche, warme, kuschlige Ruheplätzchen. Sehr gerne liegen sie in der Sonne und lassen sich „bescheinen“, auch im Winter vor dem (geschlossenen) Fenster. Zug, Nässe, Kälte bekommt ihnen gar nicht, sie sind eben Sonnenkinder. Im Winter kann dann ein Kaminofen die fehlende Sonnenwärme ersetzen, falls vorhanden, wird er von Ihrem Chihuahua sehr geliebt werden!
Über einen ausgiebigen Spaziergang freut sich jeder Chihuahua, wir haben

unseren ersten Rüden sogar zum Ausreiten mitgenommen! Beim Galopp kam er dann eben etwas langsamer hinterher... Danach ist aber dann Ruhe angesagt, für den Rest des Tages hat man dann Pause. Einmal am Tag muss aber ein Auspowern ermöglicht werden, das braucht – je nach Hund – nicht sehr lange zu sein, ist aber dringend notwendig, ansonsten können auch Chihuahuas recht nervig werden.

Manche gewöhnen ihren Hund auch daran, die Katzentoilette zu benutzen. Das ist grundsätzlich natürlich praktisch, vor allem bei längerer Abwesenheit oder Krankheit der Besitzer. Aber niemals sollte ein Katzenklo eine echte Alternative zum täglichen Spaziergang sein, allenfalls eine Ergänzung! Ist ein Garten, in den man den Hund hinaus lassen kann, nicht vorhanden, muss eben ein Rundgang gemacht werden, und das etwa drei bis viermal am Tag! Bei Welpen oder Junghunden auch noch öfter, bis er sauber ist. Darum muss man sich sehr gut vorher überlegen, ob man wirklich einen Hund haben will (siehe Kapitel Überlegungen vor der Anschaffung). Denn diese Bedürfnisse hat auch der kleinste Hund!

Bei Spiel und Sport geben Chihuahuas einen guten Kameraden ab, freuen sich immer über den Griff zur Leine und hüpfen draußen fröhlich mit beim Spaziergang. Der meist vorhandene Jagdtrieb sollte von Anfang an unterbunden werden, sonst ist keine Katze der Umgebung mehr sicher vor ihm. An mögliche Folgen denkt er dabei natürlich nicht. Das kann zu bösen Verletzungen führen, vor allem der Augen, was man also tunlichst verhindern sollte. Eine Hund – Katze – Verfolgungsjagd ist nicht harmlos und kann böse ausgehen!

Jeder Chi, wie die Chihuahuas liebevoll genannt werden, hat seinen eigenen, unverwechselbaren Charakter. Bei vier verschiedenen Hunden ist jeder anders, auch wenn sie im selben Umfeld leben. Natürlich ähneln sie sich, aber die Reaktion jedes Hundes zum Beispiel hinsichtlich seiner Reaktion auf Besuch, Artgenossen, Sensibilität, und sein Futterverhalten sind unterschiedlich.

Der Chihuahua ist ein guter Tröster in schwierigen Situationen oder bei Krankheit. Er merkt sofort, wenn es jemandem aus „seiner“ Familie nicht gut geht und reagiert sehr sensibel darauf. Hierdurch findet er sehr schnell seinen festen Platz im Familiengefüge, wird ein vollwertiges und ernst zu nehmendes Mitglied.

Chihuahuas lieben sehr engen Körperkontakt, bis hin zum emsigen „Küsschengeben“. Wer dies nicht mag (ist nicht unbedingt jedermanns Sache) muss seinem Welpen von Anfang an dies strikt und konsequent klarmachen. Sie ruhen sich sehr gerne an „ihre“ Menschen gekuschelt aus – manchmal auch unter der Decke, zwischen den Beinen, zwischen Sofa und Rücken eingequetscht... da gibt es viele Möglichkeiten. Man wundert sich manchmal, dass der Hund überhaupt noch Luft bekommt! Übrigens unterscheiden wir zwischen „Aufdecken-“

und „Unterdeckenschläfern" bei den Chis.
Die meisten Chihuahuas sind übrigens auch im Alter noch „gut drauf" und erfreuen sich recht lange guter Gesundheit. Die Lebenserwartung liegt bei 12 bis 16 Jahren, es gibt sogar Exemplare mit 18 und mehr Jahren!

Bitte ziehen Sie Ihrem Hund keine Kleidung an! Das mag „süß" oder „niedlich" sein, das ist Geschmackssache, aber der Hund selbst fühlt sich dabei nicht wohl. Ist es einmal kalt oder nass, der Hund sehr empfindlich dagegen oder kränkelt er leicht, macht dagegen ein warmer und die Feuchte abhaltender Umhang durchaus Sinn. Ist er gesund, braucht er so etwas nicht und fühlt sich nur in seinem eigenen Fell am wohlsten!

Für wen eignet sich ein Chihuahua?

- Für Familien mit Kindern, die schon etwas älter sind, den Hund nicht mehr als Spielzeug betrachten und etwas sorgsam mit ihm umgehen können
- Für ältere Leute, die nicht mehr so lange Spazieren gehen wollen, wie sie es mit einem größeren und aktiveren Hund tun müssten, aber noch in der Lage sind, die täglichen Spaziergänge zu unternehmen (oder über einen eigenen, eingezäunten Garten verfügen) – sofern sie sich auch bei diesem Winzling durchsetzen
- Für berufstätige Personen, die ihn nicht länger als 5 bis 6 Stunden hintereinander alleine lassen müssen (aber das gilt für die meisten Hunderassen!)
- Für jeden, der zwar viel unterwegs ist, einen kleinen Hund aber auch dabei mitnehmen kann. Lassen Sie Ihren Hund dabei zwar nicht den ganzen Tag in der Tasche sitzen, aber hinsichtlich Größe und Gewicht und auch Temperament passt ein unternehmungslustiger Hundebesitzer und der kleine Chihuahua prima zusammen!
- Für jeden, der einen Hund haben möchte, der besonders zärtlich und anschmieg-sam ist und dafür wenig Anforderungen in Punkto Pflege und Platzbedarf an ihn stellt (außer Zeit und gutes Durchsetzungsvermögen!)
- Für Leute, die raummäßig in beengteren Verhältnissen wohnen (auch wenn mehr Platz immer gut ist, ist dies nicht zwingend notwendig – solange nur ein Sofa darin steht…)
- Für jeden, der sich gerne viel mit seinem Hund abgibt und Spiele mit ihm machen will oder Hundesport, der ihn körperlich nicht überfordert, wie Obedience. Dabei ist ein Hund, der viel Bewegung hat genauso konditionierbar wie der Mensch und kann diese, besonders in jungen Jahren, sehr gut ausbauen.

Das unleidige **„Kläffen“**:
Grundsätzlich haben Chihuahuas einfach Spaß am Bellen. Wir Menschen finden das aber störend, also müssen wir es unserem kleinen Freund beibringen, dass so ein Verhalten unerwünscht ist, nur kurz darf er Bescheid geben, wenn jemand kommt. Danach sollte Ruhe sein. Nach unserer Erfahrung zieht man sich einen Kläffer schon auch selbst heran. Loben Sie den Hund, wenn er Laut gibt, überschwänglich, so wird er verstärkt bellen. Schimpfen Sie ihn dagegen zu fest aus, erleben Sie oft ebenfalls den gegenteiligen Effekt von dem Erwünschten und er reagiert bockig. Am besten ist, Sie ignorieren das Gebelle – zumindest kurz. Hört er dann immer noch nicht auf, kann man auch einmal einen (nicht harten!) Gegenstand hinterher werfen und „AUS!“ rufen. Meist erschrickt er dann und hört sowieso auf damit. Kommt er dann zu Ihnen zurück, sollten Sie ihn auch gleich fest loben – ein Leckerli wäre nun angebracht (weiteres siehe Kapitel Erziehung.)

Begegnungen und Reaktionen

Noch vor rund fünf Jahren erlebte der frisch gebackene Chihuahuabesitzer bei seinen Spaziergängen erlebt manche Überraschung hinsichtlich der Reaktion anderer Leute auf den Winzling. Oft wurde er ausgelacht und Bemerkungen wie „*Was ist denn das für ein Hähnchen?*“, „*Das ist doch kein Hund!*“, „*Soll das eine Katze sein?*“ musste man oft hinnehmen. Heute gehören Chis zumindest in den Städten genauso zur Tagesordnung wie große Rassen. Die meisten Leute, denen man begegnet, sind hingerissen von dem temperamentvollen und goldigen Wesen der kleinen Charmeure. Doch nicht jeder Hund mag es, von Fremden berührt zu werden – halten Sie dann lieber Abstand und warnen Sie die Leute vor. So Mancher erlebt den Chi kläffend und laut, da auch Chihuahuas ihren eigenen Kopf haben und nicht für Jedermann und „Jederhund“ gleiche Sympathie empfinden.

Bleiben Sie bitte auch bei negativen Reaktionen gelassen. Manches ist nicht wirklich beleidigend gemeint, anderes dagegen durchaus. Doch wenn Sie selbstsicher und ruhig darauf reagieren mit einer Bemerkung wie „*Natürlich kein Hund, das ist eine Killerratte* (Kampftiger, Beißmaus o. ä.)*!*“, „ *Mehr Hund war nicht drin!*“, „*Das ist ein astreiner Kampfhund!*“, „*Vorsicht, wir haben heute noch nichts gefressen!*“ werden Sie die Lacher schnell auf Ihrer Seite haben – manche finden Spaß daran, dumme Bemerkungen zu machen, nehmen Sie das nicht übel. Manche Leute sind auch nur erstaunt über das „bisschen Hund“.

Seit Prominente sowohl in den USA als auch in Europa immer öfter mit einem Chihuahua auf dem Arm in Erscheinung treten, und auch die Werbebranche diese Hunderasse als hippen Profitbringer erkannt hat, werden Chihuahuas – im Gegensatz zu früher – in der Regel auch sofort erkannt (sogar von kleinen Kindern – liegt wohl auch an Computerkonsolenspielen) und negative Reaktionen werden immer seltener, dafür positive immer öfter die Regel. Dabei spielt die Region, in der man sich bewegt, ebenfalls eine große Rolle.

Achtung Suchtgefahr!

Aus: Humanistisches Forum zur Abwehr von suchterzeugenden parasitären Hausbesetzern vom 11.11.

„Ernstgemeinte Warnung!
Eine wissenschaftliche Langzeitstudie mit 1.000 Teilnehmern deckte eine gefährliche neue Droge auf! Seit ein paar Jahren nimmt die Sucht ständig zu und kann auf jedermann wie ein Virus übergreifen!

Dabei hat sich die Problematik herausgestellt, dass jeder, der einmal damit begonnen hat, nicht mehr davon lassen kann. Und die betroffenen Personen selbst gar nicht mehr entwöhnt werden wollen. Insofern sind die Folgen für die Beteiligten kaum abzuschätzen und stellen eine ernstzunehmende Gefahr dar!

Der Name der neuen Droge lautet:
CHIHUAHUA

Die haarigen kleinen Biester schleichen sich derart in die Herzen der Menschen, dass diese, egal, ob sie vorher auch große Hunde oder gar Katzen bevorzugt hatten, ihnen völlig hilflos ausgeliefert sind. Sind sie erst einmal bei diesem Menschen in das Haus gekommen, machen sie sich breit, so dass dieser selbst nur noch Gast bei sich zu Hause ist. Wenn er Glück hat, darf er noch gelegentlich seine Couch benutzen (aber nur, wenn er ihn gleichzeitig durchkuschelt) und in seinem eigenen Bett schlafen. Auch das ist bereits von dem gefährlichen Winzling erobert!
Seine Funktion als Dosenöffner hat er dagegen auf das Pünktlichste auszuüben, sonst hat er keine Ruhe mehr. Tägliche Spaziergänge und ständige Schmuseeinheiten verringern die Freizeit, die dem Süchtigen noch verbleibt, auf ein Mindestmaß. Diese verbringt er dann mit der Aufstockung der Vorräte an Leckerlis und Hundefutter, damit sein neuer Meister zufriedengestellt wird. Doch niemals ist der Abhängige der Meinung, seine Lebensqualität sei beeinträchtigt, im Gegenteil, er sieht nur die schönen Seiten, wenn er wie von Sinnen das Fell seines Wohnungsbesetzers krault oder mit leicht irrem Blick in seinen Augen versinkt. Auf eine normale, menschliche Ansprache reagiert er in diesen Momenten nicht.

Dann kommt es oft noch schlimmer: ein zweiter Chihuahua hält Einzug, vielleicht auch später noch ein dritter, ein vierter…und dann ist kein Ende in Sicht. Eine Grenze gibt es nicht. So mancher Süchtige hat sich schon weiterentwickelt zur nächsten, noch gefährlicheren Stufe. Diese nennt sich ***Züchter.*** Jetzt gibt es keine Rettung mehr…"

Entwarnung: *Natürlich ein kleiner Scherz – aber auch was Wahres dran – Sie können jeden fragen, der einen Chihuahua hat!*

I. Anschaffung

Vorab - Überlegungen

- Haben Sie genügend Zeit und Lust für die täglichen Spaziergänge (auch wenn es regnet, schneit und kalt ist)?
- Haben Sie ausreichend Platz für einen Hund - in welchem Lebensraum bewegen Sie sich? Gehen Sie viel aus, halten sich dann oft in Kneipen oder Diskotheken auf, dann ist ein Hund bei Ihnen nicht wirklich gut untergebracht und passt eigentlich nicht in Ihr Leben. Gehen Sie dagegen gerne und oft spazieren und treffen sich mit Ihrem Freundes- und Familienkreis eher im privaten Rahmen, ist es kein Problem. Sicher kann man einen Chihuahua leicht mitnehmen – es sollte aber kein Ort sein, der seiner Gesundheit schlecht bekommt. Zigarettenrauch, Gestank, Lärm oder Hektik sind ausgesprochen schädlich für ihn! Hinsichtlich des Platzbedarfs sind Chihuahuas anpassungsfähig, und unkompliziert. Nichtsdestoweniger toben sie auch gerne draußen umher und freuen sich über Auslauf. Aber – alleine schon die Größe macht es deutlich – sie benötigen weniger Platz als beispielsweise ein Schäferhund und können sich daher auch in einem Stadtappartement wohl fühlen – sofern der tägliche Spaziergang gewährleistet wird!
- Stehen Ihre Familienmitglieder hinter der Entscheidung Hund? Grundsätzlich ist es unbedingt nötig, dass alle Ihre Familienmitglieder zu Ihrer Hundeanschaffung voll und ganz stehen! Lassen Sie sich auch nicht von anderen dazu drängen und überreden (quengelige Kinder z.B.), prüfen Sie Ihre Entscheidung in Ruhe und gut überlegt vorher.
- Eventuelle Allergien sollten vorher abgeklärt werden. Es ist weder dem Hund noch dem Züchter zuzumuten, dass der Kleine wegen einer eben vorher nicht geklärten Allergie zurückgegeben werden muss, nachdem er bereits begonnen hat, sich einzugewöhnen. Für das Tier bedeutet das ein nicht reparierbarer Schock, der sein ganzes Leben beeinflusst! Lassen Sie bei einem Hautarzt unbedingt vorher einen entsprechenden Test aller Personen Ihres Haushalts durchführen.
- Wie sieht Ihre räumliche Situation aus? Wohnt man in einem mehrstöckigen Haus ohne Aufzug, sollte der Hund zur Schonung seiner Gelenke getragen werden. Mit späteren Einschränkungen hinsichtlich der Gelenke ist zu rechnen. Mehrmals täglich (vor allem bis zur Stubenreinheit) muss der Hund nach draußen, das bedeutet dann Treppensteigen! Auch wenn der Hund schlapp und müde ist, sollte man ihn auf den Arm nehmen und tragen.
- Habe ich die Möglichkeit, den Hund tagsüber unterzubringen, wenn ich zur Arbeit muss (siehe auch „Hund und Arbeit“)?
- Wer kümmert sich um den Hund, wenn ich krank bin?
- Habe ich einen „Hundesitter“ bei Abwesenheit zur Verfügung?

- Wohnen Sie zur Miete? Klären Sie vor Anschaffung eines Hundes die Einverständnis Ihres Vermieters ab (schriftlich). Ist dies im Mietvertrag ausgeschlossen, können sich manche Vermieter mit einem Chihuahua, der kleiner als eine Katze ist, vielleicht doch noch anfreunden. Doch gerade dann darf er nicht laut sein und viel bellen!
- Bringt das Gespräch mit Ihrem Vermieter nicht die ersehnte Erlaubnis, müssen Sie, sofern Sie nicht umziehen wollen, auf die Anschaffung des eigenen Hundes verzichten, so schwer das auch fallen mag!
- Passt ein Hund in mein Leben? Stehen Ihnen größere Veränderungen Ihrer Lebensverhältnisse bevor? Dann prüfen Sie bitte genau nochmals nach, ob Sie sich ein Tier anschaffen, denn Sie tun unter solchen Umständen weder sich selbst, noch dem Hund Gutes damit!
- Wollen Sie umziehen, ziehen Sie mit einem neuen Partner zusammen oder trennen sich gerade? *Warten Sie mit der Anschaffung unbedingt noch ab!* Der Welpe braucht die notwendige Ruhe, und einen gleichmäßigen Tagesablauf, um sich an seine neue Umgebung und die neue Familie zu gewöhnen.
- Haben Sie in den nächsten Monaten eine Reise geplant? Dann warten Sie noch! Es wäre weder dem Tier zuzumuten, es in fremde Hände zu geben, noch es in eine fremde Umgebung mitzuschleifen (nur während der Eingewöhnungsphase, später ist Urlaub kein Problem mehr, sofern die Bedürfnisse des Hundes berücksichtigt werden, siehe auch Kapitel Hund und Urlaub).
- Wollen Sie Ihr Eigenheim umbauen oder renovieren?
  Umbaumaßnahmen sind unruhig, laut und für kleine Welpen, die meist alles zu fressen versuchen, eine höchst gefährliche Zeit.
- Wechseln Sie Ihren Arbeitsplatz? Dann haben Sie vorerst selbst Stress, sich und wissen auch noch nicht wirklich, wie sich Ihr Tagesablauf verändert.
- Erwarten Sie Nachwuchs? Ein Welpe braucht viel Zeit für Kuscheleinheiten und für die Aufzucht. Haben Sie diese wirklich übrig, wenn das Baby erst einmal da ist?
- Auch ein kleiner Hund Arbeit verursacht: Mehraufwand zum Reinigen des Haushalts, mehrmalige Spaziergänge bei jedem Wetter, Erziehung, Pflege, Gänge zum Tierarzt und – nicht zuletzt - Kuscheln (ganz wichtig und niemals genug!).

Haben Sie alle Fragen abklären können und eine positive Entscheidung gefällt, sind dennoch vorher die **Kosten** zu klären für:

- Anschaffung
- Tierarzt (auch bei guter Gesundheit sind regelmäßige Schutzimpfungen unerlässlich!)
- Futter (gutes!) und Pflegemittel
- Zubehör, evt. Spielzeug
- Hundehalterhaftpflichtversicherung
- Hundesteuer (egal wie groß der Hund ist, Höhe abhängig von der Wohngemeinde)
- Hundesitter oder Unterbringung bei Urlaub und Krankheit
- Höhere Kosten im Urlaub (in Ferienwohnungen und Hotels)

…und das für einen Zeitraum von rund 15 Jahren…

Der Hund kann ganz schnell einmal 500 EUR oder mehr (nach oben gibt es keine Grenzen) verursachen, kann ich das ausgeben und bin ich bereit dazu? Chihuahuas ebenso wie andere Kleinhunderassen tendieren im Alter zu PL (Kniescheibenluxation, siehe Kapitel Gesundheitsstörungen!) oder Herzerkrankungen, die teuer werden können!

Trauen Sie es sich zu, einen Hund zu erziehen?

Können Sie sich durchsetzen? Lassen Sie sich nicht von der Größe täuschen! Auch oder gerade ein kleiner Hund braucht Erziehung und Führung, er ist nicht nur „niedlich“ sondern – und vor allem – ein „richtiger“ Hund, der erzogen werden muss, wie jeder andere Hund auch. Es ist wichtig, dass er lernt, sich selbst und auch andere mit seinem Verhalten nicht in Gefahr zu bringen. Gerade Chihuahuas wissen schnell ganz genau, wie sie ihren Besitzer dazu bringen, das zu machen, was der Hund will. Je nachdem sollte man sich für einen Hund entscheiden, der nicht zu dominant ist – welcher von einem Wurf das wäre, kann der Züchter sagen.

Welche Rasse ist die Richtige für mich?

Sammeln Sie Informationen im Internet, in Büchern, bei Züchtern und Liebhabern der Rasse. Sprechen Sie Leute an, die einen solchen Hund haben, der Ihnen gefallen würde. Die meisten werden Ihnen gerne Auskunft geben.

Erstellen Sie sich eine Checkliste, welche Anforderungen Sie selbst an den Hund Ihrer Wahl stellen, bezüglich Charakter, Größe, Zeitbedarf, Platzbedarf, Kosten für Unterhalt und Pflege usw., was Sie bereit sind, auf sich zu nehmen und welche Lebensumstände Sie auf die Dauer von rund 15 Jahren haben…

Die Entscheidung steht:
Sie haben alle vorherigen Punkte abgehakt, und können einen Hund in Ihr Leben gut integrieren. Dann stellt sich nun jetzt die Frage, „Wie komme ich zu einem solchen?"

Es gibt viele Möglichkeiten, in Zeiten des Internets noch viel mehr als früher. Dort und in Zeitungsanzeigen finden sich viele angebliche Hobby- oder auch Berufszüchter, die Welpen oder auch „gesunde ausgewachsene" Tiere anbieten. Papier ist geduldig, um nicht einem Hundehändler (s. unten) oder unseriösen Züchter auf den Leim zu gehen, sind einige Vorsichtsmassnahmen zu treffen. Rufen Sie in einem Züchterverband an, dort wird Ihnen gerne Auskunft darüber gegeben, welcher Züchter gerade einen Wurf gemeldet hat. Das kommt einer Empfehlung doch sehr nahe.
Dennoch: halten Sie die Augen offen, wenn Sie einen Züchter besuchen, das berühmte „schwarze Schaf" gibt es überall!

Auswahl eines Züchters

Das A und O ist es, einen körperlich und psychisch gesunden Welpen mit guter Veranlagung zu erhalten. Dazu brauchen Sie einen entsprechend guten Züchter, wobei es egal ist, ob er Berufszüchter oder Hobbyzüchter ist. Wichtig ist, dass er Ihnen einen guten Hund liefern kann.
Woran erkennt man einen seriösen bzw. unseriösen Züchter? Das ist ebenso schwierig wie auch manchmal leider traurig.

Ein empfehlenswerter Züchter sollte:
- einem Verein angeschlossen sein
- die Welpen nur geimpft, entwurmt und mit Mikrochip oder (heute seltener) tätowiert und
- erst ab einem Alter von 10 Wochen und einem Mindestgewicht (etwa 900 - 1.000g) abgeben
- nur so viele Hunde halten, wie er optimal versorgen kann
- die Möglichkeit – gerne – bieten, den Welpen auch mehrmals zu besuchen, bevor er gekauft und abgeholt wird
- den potentiellen Käufer seinerseits auch genau „unter die Lupe nehmen" (Arbeitszeit, Lebensumstände, Familie). Ein guter Züchter gibt seinen kleinen Liebling nur ab, wenn er davon überzeugt ist (oder es zumindest aufrichtig hofft), dass er es bei seinem neuen Eigentümer auch gut hat!
- dem Käufer seine Fragen zu Zwinger und Welpen verständlich und ohne Fachchinesisch beantworten können
- die Hunde in einer sauberen und trockenen, keinesfalls zu kalten Umgebung halten mit ausreichend Auslaufmöglichkeiten für die Tiere (Achtung: es gibt auch Züchter, die ihre Welpen im Keller halten und nur bei Kundenbesuch holen. Das kann man eventuell merken, wenn sich die Tiere unsicher verhalten und unwohl zu fühlen scheinen, siehe Kellerzuchten!)

- Unterlagen über Herkunft der Welpen beziehungsweise deren Eltern vorzeigen können
- den Verkauf schriftlich mit einem Kaufvertrag regeln
- dem „Hundeneuling" auch nach dem Kauf noch Unterstützung anbieten bei Problemen oder Fragen
- bestenfalls eine Urlaubsunterbringung für den Welpen anbieten, wenn dies nötig wäre
- und vor allem muntere, gesund wirkende, saubere Hündchen hat

Nehmen Sie sich die Zeit, suchen Sie sich einen guten, seriösen Züchter oder Hobbyzüchter!

Treten Sie ruhig mit mehreren Züchtern in Kontakt und besuchen Sie diese unbedingt vorab. Jeder Züchter, der seine Tiere liebt, wird das nur begrüßen. So können Sie sich am besten ein Bild davon machen, wie die Tiere leben, welches Muttertier demnächst Junge bekommt, wie viele Hunde dort gehalten werden, in welchem Zustand sie sind, ob ein Vertrauensverhältnis zwischen Hunden und Besitzer besteht.
Im Idealfall (Ausnahmen bestätigen die Regel aber!) wird nur eine Rasse gezüchtet und nur ein kleines Rudel gehalten. Scheuen Sie sich nicht, den Züchter genauestens auszufragen! Bereiten Sie sich auf den Besuch vor, indem Sie sich daheim bereits Gedanken machen und diese aufschreiben. Sehen Sie sich das Umfeld gut an, ist nur zu „Showzwecken" ein Raum hergerichtet worden, in dem die Hunde sich sonst bestimmt nicht aufhalten dürfen? Es liegen immer ein paar Utensilien (nebst Hundehaaren) in einem Zimmer herum, das von Tieren „bewohnt" wird.

Stellen Sie Fragen!

1. Wie viele Welpen sind abzugeben?
2. Wie viele Chihuahuas besitzt der Züchter, beziehungsweise stehen in der Zucht? Züchtet er noch andere Rassen? Wie oft hat er Würfe?
3. Werden die Welpen entwurmt, geimpft, tätowiert oder mit Mikrochip gekennzeichnet abgegeben?
4. Mit welchem Alter werden sie abgegeben?
5. Haben die Hunde eine Ahnentafel? Für einen reinen Familienhund und ohne Ausstellungsambitionen der Besitzer wären diese zwar nicht nötig, allerdings wird dort die Abstammung dokumentiert. So kann man jederzeit erfahren, wer die Eltern, Ur- und Ur Ureltern waren. Außerdem bedeuten Papiere, die von einem Verein ausgestellt wurden, dass die Eltern zuchttauglich und frei von Erbkrankheiten sind und sind ein Nachweis, dass eben dieses Tier davon abstammt. Insofern ist ein Tier mit einer Ahnentafel zumindest besser überprüft als eines ohne. Eine Garantie, dass der Hund lebenslang gesund ist und bleibt, bedeutet dies natürlich nicht, aber

zumindest wurde dafür alles Mögliche getan – und auch überprüft (Zuchtwart, Tierarzt)!

6. Lassen Sie sich die Vor- und Nachteile von Rüde oder Hündin erklären!
7. Welcher der abzugebenden Welpen passt zu Ihnen? Lassen Sie sich beraten, der Züchter sollte Ihnen Auskunft über die charakterliche Veranlagung des Welpen geben können.

Erbkrankheiten

Der Chihuahua an sich ist eine robuste Rasse. Doch auch hier gibt es leider erblich übertragbare Krankheiten beziehungsweise Fehlstellungen. Verantwortungsvolle Züchter haben selbstverständlich kein Tier in ihrer Zucht stehen, das diese vererben könnte (auch dies ist wiederum ein deutlicher Vorzug gegenüber irgendwelchen „Kofferraumhändlern"). Außerdem würde auch kein Tier die Zuchttauglichkeitsprüfung bestehen, das welche hat.. Lassen Sie sich daher ruhig den Untersuchungsbericht zeigen, in denen ein Tierarzt (oder Zuchtwart) bestätigt, dass die Elterntiere gesund und frei von eben diesen folgenden Krankheiten sind. Fragen Sie den Züchter auch ruhig (vor dem Kauf) danach.

Fontanelle

Die Fontanelle ist eine Stelle im Bereich der Schädeldecke, bei der mehrere Abdeckplatten des Schädels nicht aneinander reichen und somit ein Loch entsteht. Dies ist bei vorsichtigem Abtasten des Köpfchens auch fühlbar, aber nicht zu sehen. Normalerweise wächst diese dann mit zunehmendem Lebensalter zusammen, aber auch noch leicht offene Fontanellen sind im Rahmen des Rassestandards zugelassen, aber bei Ausstellungen unterschiedlich (un-) gerne gesehen (Gefahr von Unfallschäden).

Hydrocephalus (Wasserkopf)

Hier liegt eine Erweiterung der Gehirnräume auf Kosten der Gehirnsubstanz vor. Der starke Druck führt zu einem Auseinandertreiben der Schädelplatten. Diese seltene aber unheilbare und oft tödliche, schwere Krankheit ist angeboren und führt beim Welpen meist entweder noch im Mutterleib oder kurz nach der Geburt schon zum Tod. In milder Form kann aber ein Hund damit sogar das Erwachsenenalter erreichen, oft sehr spät erkannt aufgrund fehlender Symptome. Bisher liegt scheinbar kein eindeutiger Nachweis über die Vererbbarkeit vor.

Mitralklappeninsuffizienz

Ein Herzklappenfehler, der oftmals erst ab dem Alter von 8 Jahren auftritt. Vorsorgeuntersuchungen sind daher besonders wichtig. Unerkannt und unbehandelt kann ein plötzlicher Herzstillstand das Tier töten. Die Therapie erfolgt durch ACE-Hemmer und entwässernde Medikamente gegen die krankheitsbedingte Flüssigkeitsansammlung. Bei guter Pflege und ärztlicher Versorgung können diese Tiere trotzdem recht alt werden.

Patellaluxation (PL)

Als sogenannte PL bezeichnet wird eine Verlagerung der Kniescheibe, die besonders bei Kleinhundrassen (und Rassen mit steiler Hinterhand) wie dem Chihuahua auftritt. Diese ist erblich bedingt, daher müssen zur Zucht zugelassene Tiere „patellafrei" sein. Dies wird in der tierärztlichen Untersuchung bestätigt. Die Kniescheibe verlagert sich bei leichtem Druck oder von selbst (bei Bewegung) nach innen oder außen. Je nach Grad kann der Zustand sowohl vorübergehend als auch dauerhaft auftreten. Manchmal verursacht er Schmerzen und sogar Lahmheit, oft aber bleibt diese Gesundheitsstörung sogar ohne Probleme. Übergewicht kann den Zustand verschlimmern. Man hört manchmal ein leichtes Knacken in der Bewegung, teilweise hinkt das Tier auch. Bei besonders schwerer PL treten öfter auch Schäden an der Wirbelsäule und Hüfte auf, die ebenfalls untersucht werden sollten. Auch bei Hunden, die bei einer Erstuntersuchung unauffällig waren, kann bei der Folgeuntersuchung im Alter von 3 Jahren plötzlich doch eine Luxation aufgezeigt werden. Mit zunehmendem Alter verändern sich auch die Knochen und Knochenschienen sowie das Gewebe. Ist ein Rüde mit vier Jahren noch PL-frei, so bleibt er es normalerweise sein restliches Leben lang auch. Liegt eine schwere PL vor, schlägt der Tierarzt eine Operation vor, die aber nicht immer mit dem gewünschten Behandlungserfolg verläuft und keinesfalls ohne Risiken ist (und teuer leider auch noch!).

Progressive Retina Atrophie (PRA)

Eine rezessive Erbkrankheit, bedeutet, beide Elterntiere müssen darunter leiden. Die Netzhaut des hinteren Augapfels (Retina) löst sich ab, bei fortschreitender Erkrankung erblindet der Hund. Voran geht eine Nachtblindheit. PRA muss übrigens nicht unbedingt ausbrechen, auch wenn der Hund ein PRA-Träger ist. Siehe auch Gesundheitsstörungen.

Taubheit bei Farbe Merle und Reinweiß

Merle ist eine Fellfarbe, nämlich marmoriert. Diese gibt es in zwei Varianten, blue merle und red merle. Basierend auf einem Gendefekt, verhält sie sich rezessiv. Sind beide Elterntiere merlefarben, steigt die Wahrscheinlichkeit, dass die Welpen aufgrund der fehlenden Pigmentierung taub zur Welt kommen, oder sogar versterben. In manchen Zuchtverbänden wird daher die Zucht von blue und merle ausgeschlossen.
Ähnliches bei der Farbe reinweiß:
leider werden oft taube und/oder blinde Welpen geboren.

Taubheit, erbliche
Tritt auffällig oft bei Rassen mit weißer Pigmentierung auf (z.B. Dalmatinern) und steht mit Genen in Verbindung, die für diese Farbe verantwortlich sind. Durch eine Degeneration der Blutversorgung der Gehörschnecke (sogenannte Cochlea) entsteht meist im Alter von drei bis vier Wochen die erbliche Taubheit. Besonders Tiere mit blauen Augen sind betroffen.
Es wird unterschieden zwischen einer angeborenen und später auftretenden Taubheit, also nach Auftreten und Herkunft (genetische Vererbung oder später erworben zum Beispiel durch Unfall oder als Folge einer Krankheit).

Teacup Chihuahuas und Unterzuckerung
Erwachsene Chihuahuas, besonders Hündinnen mit einem Endgewicht von weniger als 2 kg werden von den meisten Zuchtvereinen ausgeschlossen von der Zucht. Dennoch ist es möglich, dass doch einmal ein Winzling von rund einem Kilo oder noch weniger bei einem Wurf dabei ist. Unter 1.000 bzw. bis circa 1500g werden diese als „Teacup" bezeichnet (inoffiziell, eine offizielle Anerkennung gibt es nicht) und sind oft sehr gesucht. Dass man sich um sie besonders gut kümmern muss, ist wohl selbstredend. Man muss sie (auch noch das erwachsene Tier) alle paar Stunden füttern, da sie leicht unterzuckert sind (von extremen Unfallgefahren und leichten Knochenbrüchen einmal abgesehen). Gerät es doch einmal in den Unterzuckerbereich, so verabreicht man ihm sofort etwas Traubenzucker, muss aber dann den Tierarzt behandeln lassen. Die geringe Lebenserwartung extrem kleiner Tiere von oft nur 3 bis 5 Jahren spricht für sich.

Was kostet ein Chihuahuawelpe?

So manch „schwarzes Schaf" verkauft zu einem (scheinbar) günstigen Preis viel zu junge, meist kranke und psychisch angeschlagene Hündchen. Oft werden diese rein aus Mitleid gekauft. Problematisch ist, dass sie meist einen kranken Hund erhalten, außerdem genau solche Machenschaften unterstützen, worauf diese Leute (oft sind das Hundehändler, die sich als Züchter ausgeben) setzen! Andere wiederum verkaufen einen angeblich erstklassigen Rassehund zu völlig überteuerten Preisen. Der Durchschnittspreis für einen reinrassigen Chihuahua mit Papieren liegt derzeit zwischen 900 und 1200.- EUR. Damit muss man rechnen. Wird Ihnen ein angeblicher **„Teacup" oder Mini-Chihuahua** ohne Makel mit Papieren billig angeboten, sollten Sie vorsichtig sein! Prüfen Sie den Züchter genau und hören sich um. So mancher Mini hat sich dann als erwachsenes Tier als Riese oder zumindest Normalgröße herausgestellt! Lassen Sie sich auf keinen Fall drängen! Es könnte Ihnen auch ein gestohlenes Tier angeboten werden!

Seriöse oder Unseriös?

Man kann wohl keine allgemein gültige Einteilung in „seriös“ oder „unseriös“ machen, das wäre unfair. Es gibt aber dennoch ein paar Anhaltspunkte, die als wichtige Hinweise gelten. Züchterverhalten und Umstände wie:

- „Es ist nur noch ein Welpe zu haben, Sie müssen unbedingt sofort zusagen! Was wollen Sie da noch überlegen?“
- Er drückt auf die „Mitleidsdüse“: der Hund müsste sonst eingeschläfert werden, wenn er nicht gleich verkauft wird, weil....
- Das Muttertier (und vielleicht auch die anderen Weibchen) wirkt müde, apathisch und abgearbeitet, hat dicke übergroße Zitzen.
- Er hat eigentlich immer und ständig Welpen in „allen Farben“, wenn Sie anrufen, zur Verfügung.
- Die Hunde leben nur im Zwinger, haben keinen Auslauf.
- Derselbe Hund wird Ihnen mit oder ohne Papiere angeboten („weil´s dann billiger wird“).
- Der Preis ist extrem niedrig.
- Die Hunde haben keine Bindung an ihn, reagieren kaum, haben entweder gar keinen Namen oder reagieren darauf nicht (weil sie ihn nämlich gar nicht kennen!). Vielleicht haben sie sogar Angst vor ihm.
- Er will so schnell wie möglich zum Geschäft kommen, das Gespräch und die Auskunft über die Tiere sind ihm egal, er will nur verkaufen, und das so schnell wie möglich.
- Auf Nachfrage weiß er entweder gar nicht, was aus den Hunden vorhergehender Würfe geworden ist, oder er tut nur so (lapidare, uninteressiert klingende, zusammengedichtete Antworten).
- Er interessiert sich überhaupt nicht für die Umstände, in die er den Welpen hineinverkauft.
- Er berät Sie nicht hinsichtlich der Eignung der Rasse für Sie.
- Er bietet keine Nachbetreuung an.
- Er züchtet oft mehrere Rassen gleichzeitig, vor allem natürlich gut gängige Moderassen.
- Er hat ständig Inserate laufen, vor allem in preisgünstigen oder kostenlosen Zeitungen und im Internet.

Betrugsmasche Afrika

Laufend finden sich im Internet Anzeigen, in denen auffallend preiswerte Hunde angeboten werden. Auf Nachfrage stellt sich dann heraus, dass diese Tiere aus Afrika (bzw. dem Osten, Südamerika oder anderen Ländern) stammen. Dominika hat selbst aus reiner Neugierde, herauszufinden, was dahinter steckt, einmal auf solch eine Anzeige geantwortet. Darauf bekam sie in nicht korrektem Deutsch eine Nachricht, sie solle Geld überweisen. Dann bekäme sie eine Liste, aus der sie sich einen Hund aussuchen könnte. Man sieht also nur den Welpen auf einem Foto, weder die Elterntiere, noch die Umgebung, in der die Kleinen geboren wurden. Sie hatte auch Kontakt mit einer Dame, die sich darauf eingelassen hatte. Leider, sagte sie danach, denn im Endergebnis ist sie viel Geld losgeworden und hat niemals einen Hund erhalten.

So geht es weiter mit der Abzocke: Der Welpe wird angeblich verschifft oder an den nächsten Flughafen des eigenen Wohnortes gebracht werden. Auf Nachfrage, wo der Hund denn nun bleibt, ist er rein zufällig andernorts gelandet. Man soll nochmals Geld schicken, damit der Kleine erneut auf Reisen - diesmal garantiert an die richtige Adresse - geschickt werden könne. Man plädiert an das Mitleid, der Welpe würde nun ja in irgendeinem Käfig in Quarantäne oder Verwahrung sein, bis der Käufer ihn auslösen würde. Er würde vielleicht sogar getötet werden oder so Ähnliches.

Im Endeffekt wurde viel Geld investiert, mit welchem ein munterer und gesunder kleiner Kerl bei einem Züchter gekauft hätte werden können. Nichts hat man dafür erhalten, und man ärgert sich grün und blau!

Überhaupt: es kursieren viele Betrüger im Netz. Mit gestohlenen Fotos von niedlichen Hunden und Welpen verlocken sie gutgläubige Hundefreunde zu einer Vorabzahlung per Überweisung. Vom erstaunlich günstigen Preis lassen sich immer wieder Leute verführen. Geben Sie nie Ihre Daten an solche Leute und nehmen Sie am besten keinen Kontakt auf. Die meisten sitzen im Ausland, Emails werden in schlechtem Deutsch verfasst, am Telefon wird nur gebrochen Deutsch gesprochen. Hände weg!

Hundehändler und Massenzüchter

Ebenfalls bekannt sind Käufe aus einem Kofferraum heraus! Miniwelpen mit höchstens 6 Wochen, oft in einem jämmerlichen Zustand. Uns wurde berichtet, dass in solch einem Kofferraum mindestens 20 (!) Welpen waren, unglaublich! Unsere Bekannte nahm einen solchen apathischen Welpen mit, aus Mitleid mit dem armen Tier. Sie ging sofort zu einem Tierarzt, musste am Ende eine fette Rechnung bezahlen. Allerdings hatte sie – und der Kleine – noch Glück im Unglück. Dem Welpen mussten Infusionen gesetzt werden über eine Kanüle, damit er nicht vertrocknet. Er war komplett verwurmt (siehe bitte auch Kapitel „Parasiten“, damit Sie die Gefahren dieser Würmer kennen lernen) und hatte sicher noch nie in seinem Leben etwas Vernünftiges zu fressen bekommen. Zusätzliche Probleme bereiteten die Zähne, sie fielen aus, die Leber versagte fast, kurz, sie musste immer wieder zum Tierarzt. Von den Ängsten, vom Zeitaufwand und der psychischen Belastung der ganzen Familie einmal abgesehen: mit dem Geld, das sie dem Tierarzt zahlen musste, hätte sie einen gesunden Hund vom Züchter auch bekommen! Außerdem weiß man natürlich nie, ob der Hund es überhaupt schafft und wieder gesund wird, auch (teure) Folgeschäden sowohl in physischer wie auch in psychischer Hinsicht sind sehr wahrscheinlich.

Hundehändler und Massenzüchter lassen extrem viele Hündinnen decken, besonders von Moderassen, nachdem die Nachfrage schon gestiegen ist. Sie halten meist mehrere Rassen, je nach entsprechendem Trend können sie diese dann einsetzen. Bei jeder Hitze (also mehrmals im Jahr) werden diese armen Dinger wahllos zugelassen. Taugen sie dann nicht mehr als Gebärmaschinen (wir bitten um Entschuldigung für diesen Ausdruck, aber es ist leider mal so) werden sie meist „entsorgt“, also getötet und weggeworfen, man kann kein Geld mehr damit verdienen. Keine Impfung, keine Entwurmung, Unterbringung in elenden Umständen, schlechte Ernährung (kostet schließlich Geld und geht auch mit weniger), keine Zuneigung, keine Sozialisation! In diesem Sinn darf man wohl kaum von einem Züchter sprechen. Diese Leute bringen (schmuggeln) ganze Würfe über die Grenze nach Deutschland oder in die Länder, in denen sie ihre „Ware“ gut verkaufen können. Sie geben diese gegen gutes Geld mit gefälschten Papieren an ahnungslose und gutgläubige Hundefreunde weiter, die meinen, sich etwas Geld zu sparen. Nicht nur die Abstammungsnachweise, natürlich auch die Impfpässe können dabei nachgemacht werden. Auf dem Schwarzmarkt sind „Blanko-Impfpässe“ mit der Unterschrift eines Tierarztes erwerbbar. Ein Massenzüchter lässt Welpen in Massen machen, um möglichst schnell möglichst viel Geld zu verdienen – und bekommt dies meist auch, leider!

Also: Finger weg von anscheinend billigen Kofferraum- und Parkplatzgeschäften!

Kellerzuchten

Besuchen Sie einen Züchter, dann lassen Sie sich die Räume zeigen, in denen sich die Tiere frei bewegen und aufhalten dürfen. Ein seriöser Züchter kann nichts dagegen haben, wenn man sich alles ansehen will, um sich ein Bild zu machen. Ein sogenannter Kellerzüchter aber mag es gar nicht, wenn man sich umschauen will und „zu neugierig“ ist. Man bekommt einen Platz zugewiesen, in einem Raum, in dem man warten soll, der Züchter verlässt das Zimmer und kommt mit einem (oder mehreren) Welpen wieder zurück. Man darf nicht sehen, in welchem Teil des Gebäudes oder der Wohnung die Kleinen aufwachsen. Selten bekommt man die (richtige) Mutter zu sehen – wenn sie überhaupt im Besitz ist. Er lässt einem auch meist nicht viel Zeit und drängt zur schnellen Entscheidung und zum Kauf, wird eventuell unfreundlich und barsch, wenn man es sich erst noch überlegen will und sich nicht drängen lässt.

Rüde oder Hündin?

Bevor man sich einen Welpen aussucht, sollte man sich ganz besonders Gedanken darüber machen, welches Geschlecht der Hund haben soll. Denn dies hat viel Einfluss auf das Verhalten und den Umgang, den man mit ihm haben wird. Daher ist diese Entscheidung wichtiger als die Fellfarbe! Haben Sie die Absicht, später einmal zu züchten, steht die Entscheidung ja eh schon. Sind Sie sich aber darüber nicht sicher, bleibt die Überlegung bestehen.

Wir können hier im Übrigen nur allgemeine Erfahrungen aufzählen, es gibt zum Beispiel durchaus Hündinnen mit einem starken Dominanzverhalten, die aggressiver sind als Rüden, und keinen Besuch dulden wollen. Während es andererseits eher im Verhaltensbild einer Hündin liegt, sanfter (aber auch zickiger) zu sein und sich „ihrem" Menschen sehr nah anzuschließen. Jeder Hund ist einfach anders!

Manche berichten, ein Frauchen käme besser mit einem Rüden und ein Herrchen mit einer Hündin zurecht, aber das sind eigene Erfahrungen, die im Endeffekt jeder selbst machen muss und wohl im „Auge des Betrachters" liegen.

Vorzüge und Nachteile einer Hündin

Für die Anschaffung eines weiblichen Tieres spricht

- sie ordnet sich leichter unter (Ausnahmen bestätigen wieder einmal die Regel)
- sie ist etwas anhänglicher und häuslicher
- sie ist weniger rauflustig
- sie fasst besonders leicht zu Kindern Zuneigung (Mutterinstinkt?)
- außerhalb der Hitze ist es unwahrscheinlich, dass sie streunen geht oder wegläuft
- sie neigt selten zum Markieren
- bezüglich Lernfähigkeit und Lernbereitschaft reagiert sie oftmals schneller auf die Wünsche des Besitzers als Rüden

Dagegen spricht

- Hündinnen unterliegen eher Stimmungsschwankungen (hormonell bedingt?) und besonders während der Läufigkeit kann es zu beträchtlichen Verhaltens-änderungen führen, die richtig nerven können
- gerade Kleinhunde sind sexuell stärker erregbar als größere Hunde, die Hündin wird mindestens einmal pro Jahr, meist aber sogar zwei- bis dreimal im Jahr läufig. Die sogenannte Hitze dauert rund 3 Wochen, während der sie ansteigt, auf dem Höhepunkt ist und wieder abnimmt
- am Höhepunkt der Hitze ist sie durchaus gewillt, selbstständig einen Rüden aufzusuchen – oder selbst (vom Besitzer ungewollten) Besuch erhält
- während der Hitze kann sie durch die Blutung im Haushalt Flecken hinterlassen (bei Chihuahuas ist aber die Blutmenge derart gering, dass das kaum vorkommt)

- manche Hündinnen müssen an der Gebärmutter oder den Fortpflanzungsorganen operiert werden, da dort Erkrankungen wie Krebs auftreten können
- eine Scheinträchtigkeit kann auftreten
- Hündinnen sind meist teurer in der Anschaffung als ein Rüde, da die Züchter meist eine gute Hündin lieber selbst behalten wollen
- will man keine Welpen haben, sollte man sich die (teure) Kastration überlegen
- manche Hündinnen lassen sich beim Gassigehen schon sehr bitten, bis sie sich entspannen und ihr Geschäftchen erledigen – besonders bei einer Veränderung der Umgebung (Urlaub) kann das sehr nervig sein

Vorzüge und Nachteile eines Rüden

Für die Anschaffung eines männlichen Tieres spricht

- er ist nicht so launenhaft wie eine Hündin
- er ist aktiver, lässt sich gerne zum Spielen animieren
- ist sehr wachsam
- ist leichter im Umgang als die Damen, wenn die Rangordnung ausdiskutiert wurde
- ist beim „Gassi gehen" schneller fertig, lässt sich leichter animieren zum Geschäftchen

Dagegen spricht

- er hat ein starkes Territorialverhalten (vor allem nicht kastrierte Tiere), daher markiert er gerne (auch im Haus) und verteidigt sein Revier gegen Eindringlinge
- er neigt vermehrt dazu, Besuch nicht zu dulden
- ist eine läufige Hündin in der Nähe, ist er kaum mehr zu halten, läuft weg, wenn Sie nicht genau aufpassen, und geht gar mehrere Tage auf Wanderschaft, wenn er den „hinreißenden" Geruch einer läufigen Hündin erschnuppert hat (und das riecht er bis zu einer Entfernung von vielen hundert Metern, bis zu 2 km sogar)
- ist es ein dominantes Tier, ist die Erziehung nicht einfach, man muss als Mensch sehr auf seine Stellung als Rudelchef bestehen – und das immer wieder von Neuem!

Tipp

Um das Markieren des Rüden im Haus zu verhindern, gibt es sogenannte Rüdenbinden, die dem Tier umgebunden werden. Mit einer eingelegten Einweg-Damenbinde werden sämtliche Tröpfchen aufgefangen. Auch wenn meist der Kleine anfangs nicht sehr begeistert davon ist, gewöhnt er sich schnell daran, wenn man konsequent dabei bleibt. Und es ist besonders bei sehr potenten und jungen Rüden eine große Erleichterung für die Besitzer!

Kastration oder Sterilisation

Das geschlechtsspezifische Verhalten des Tieres kann durch einen Eingriff beim Tierarzt verändert werden, wenn es notwendig ist. Dies besprechen Sie am besten mit diesem, er berät Sie dabei kundig. Denn hierüber gibt es die verschiedensten Meinungen von „der Hund verändert sich zu einhundert Prozent“ bis zu „der Hund bleibt völlig, wie er vorher war“. Insofern möchten wir Ihnen nicht raten, was zu tun ist, außer es liegt eine medizinische Notwendigkeit vor, was natürlich Vorrang hat. Haben Sie einen Hund, der gerne „ausbüchst“ – bei Läufigkeit oder wenn eine läufige Hündin in der Nachbarschaft ist – , kann es aber ebenfalls sinnvoll sein. Vor allem, wenn man seinen Hund nicht dauernd suchen möchte und ihn vor Unfällen bewahren will.

Naturlich will jeder ein Leckerli!

Beim Züchter: Welpenauswahl

Natürlich sind alle Welpen unwiderstehlich und „total" niedlich! Die Wahl fällt meist schwer, eigentlich würde man am liebsten alle mitnehmen. Da das aber nicht das ist, was wir wirklich wollen, hat man nun einmal die Qual der Wahl. Lassen Sie sich vom Züchter dabei helfen. Schildern Sie ihm die Lebensumstände (auch die Familienmitglieder), die den Welpen bei Ihnen erwarten. Er kennt seine Welpen bisher am besten, kann Ihnen daher empfehlen, welcher zu Ihnen passen würde. Auch, wenn ein Welpe sich bei Ihrer Person wohl zu fühlen scheint, kann er ein sehr zurückhaltendes und eher schreckhaftes Wesen haben und die aktive (und vielleicht auch laute?) Familie, die Sie zu Hause erwartet, würde ihn nur einschüchtern. Manche Welpen sind einfach mutiger als andere, passen daher besser in eine aktive Umgebung. Ein zurückhaltendes, etwas scheues Tier dagegen braucht besonderen Zuspruch und ist in einem ruhigen Haushalt bei Menschen, die bereits Hundeerfahrung haben, besser aufgehoben.

Lassen Sie sich die Elterntiere, zumindest die Mutter, auf jeden Fall zeigen und beobachten Sie diese genau (gesund, Sozialverhalten – kontaktfreudig oder scheu). Versteifen Sie sich nicht auf eine bestimmte Farbe, der ganze Hund muss zu Ihnen passen, da ist die Farbe am unwichtigsten. (Elisabeth hat eigentlich immer ein weiß - geschecktes Tier haben wollen, dafür hat sie nun einen braunen, zwei tricolor und einen cremefarbenen Hund bekommen – Hauptsache, die „Chemie" stimmt! Sie hat es nie bereut, es sind genau die richtigen Hunde!)

Wählen Sie sich den Welpen aus, bei dem Sie den bekannten „Klickeffekt" haben!

Der Welpe sollte:

- ein sauberes und gepflegtes Fell haben, ohne kahle Stellen und einen angenehmen Geruch
- glänzende, frische, wachsame Augen haben, nicht verklebt oder stark tränend
- saubere Ohren ohne Belag und Verkrustungen (deutet auf Entzündung oder Parasiten hin)
- normal lange Krallen
- einen sauberen After haben
- eine trockene Nase (ohne Ausfluss)
- die ersten Zähnchen sollten gleichmäßig in einer Reihe stehen, in der für sein Alter richtigen Anzahl (vorher erkundigen!)
- die Schneidezähne des Oberkiefers müssen über die des Unterkiefers greifen (kein Über- oder Unterbiss)
- die Körperproportionen sollten regelmäßig und wohlgenährt wirken. Auf keinen Fall darf er einen geblähten, dicken Bauch haben (das würde auf Würmer hindeuten)

- er sollte frei von Parasiten sein
- er sollte verspielt und interessiert an seiner Umgebung wirken
- er sollte seine Rute (nicht zwingend ständig aber schon öfters) stolz aufgerichtet über den Rücken tragen, das bedeutet, dass er selbstbewusst und sicher ist

Achten Sie auf umherstehende Medikamente und Aufbaupräparate. Gesunde Tiere brauchen keine Medikamente und nur wenige Aufbauprodukte! Die Welpen sollten direkt bei dem Züchter gekauft werden, nicht bei „einem Freund" (Achtung, Hundehändler!).

Welpentest

Testen Sie Wesen und Veranlagung der angebotenen Welpen durch Beobachtung, zum Beispiel:

- Stellen Sie den Welpen auf einen (abgeräumten!) Tisch und beobachten ihn. Reagiert er sehr unsicher, bleibt steif sitzen, winselt, so wird er auch sonst nicht sehr selbstbewusst und kein Alphatier sein. Springt er dagegen darauf herum, will alles genau ansehen, passt nicht auf, ob er vielleicht herunter fällt, so ist er neugierig, selbstsicher, kann aber auch die Gefahr nicht so gut einschätzen und vertraut darauf, dass ihn der Mensch schützt.
- Setzen Sie den Hund ohne weitere Ablenkung auf eine Decke. Legen Sie ein Futterchen unter ein leichtes Gefäß, zeigen Sie es ihm vorher. Versucht er gleich, an das Futter zu kommen oder interessiert er sich nicht dafür?
- Besonders sozial veranlagte Welpen kommen gerne zu den Menschen, lecken die Hände ab, lassen sich gerne berühren und streicheln.
- Sitzt der Welpe alleine in einer Ecke, nimmt nicht am allgemeinen Herumtoben und Spielen teil? Das lässt nicht gerade auf einen aktiven, gesunden Welpen schließen!
- Spielen Sie mit den Welpen, lassen Sie die Kleinen dann eine Weile (etwa eine halbe Stunde, während der Sie den Züchter näher kennen lernen können) alleine und kommen anschließend wieder zurück. Welcher Welpe reagiert gleich, schaut Ihnen nach, kommt sogar zu Ihnen her?

Am besten sind übrigens auch Ihre Familienmitglieder anwesend, wenn ein Welpe ausgesucht wird, da müssen Sie sich zwar einigen auf ein bestimmtes Tier, aber dafür sind die Startbedingungen dann umso besser! Zusätzlich hat das den Effekt, dass alle auch gleich die Empfehlungen des Züchters hören, und auch sein bisheriges Umfeld kennen gelernt haben.

Ist die (hoffentlich einstimmige) Entscheidung dann gefallen, muss man in der Regel noch abwarten, bis der Welpe zwischen 10 und 12 Wochen alt ist, damit er abgeholt werden kann. Dann ist er sowohl gesundheitlich als auch psychisch stabil genug, um den Schritt in eine neue Umgebung gut zu überstehen. Zwischendurch sollte er aber möglichst oft noch besucht werden, das ist nicht nur sehr schön, da Sie seine Entwicklung so gut verfolgen können, sondern beide Seiten können sich besser kennen lernen, bevor es dann so richtig los geht! So wird der Kontakt auch vorher schon gefördert.

Warum es wichtig ist, dass Sie den Welpen weder zu früh noch zu spät abholen

Mit 8 - 12 Wochen wurde der Kleine bereits vom Tierarzt untersucht, eine Gesundheitsbescheinigung hat der Züchter erhalten, die er Ihnen mitgibt. In diesem Alter ist er noch ein „richtiger" Welpe, das heißt, er ist süß, niedlich, tollpatschig. Vor allem aber ist die sogenannte Prägungsphase, nämlich die Zeit, in der er sich einem /mehreren Menschen besonders hinwendet und eine innige Beziehung zu diesem/diesen eingeht, noch nicht beendet. Ist diese Phase bereits vorüber, wenn er bei Ihnen einzieht, ist es, vor allem für einen „Hundeneuling" schwierig, das Vertrauen des Tieres zu gewinnen. Eine derart enge Kontaktbildung ist dann selten, während es innerhalb dieser Prägungsphase (die beim Chihuahua in der Zeit von der 8. bis etwa zur 12. Woche verläuft) eigentlich fast von selbst läuft. Andererseits ist er aber auch schon soweit von der Mutter und den Geschwistern entwöhnt, dass er nicht mehr so sehr leiden muss, wenn er von ihnen Abschied nehmen muss. Die Bedingungen für eine gute Eingewöhnung in einem neuen Heim sind also ideal!

Tipp

Geben Sie dem Züchter bei Ihrem vorletzten Besuch eine Decke, die er ein paar Tage in dem Körbchen hineinlegt, damit sie den Geruch der Mutter und der Geschwister annimmt. Bei Ihnen daheim fühlt er sich dann nicht so alleine und verlassen und gewöhnt sich leichter ein.

Der große Tag ist da, der Kleine wird abgeholt

Der ausgesuchte Welpe hat nun ein Alter von 10 bis 12 Wochen erreicht und Sie haben alles daheim für ihn vorbereitet. Freudestrahlend fahren Sie nun zum Züchter und holen ihn dort ab. Denken Sie daran, fragen Sie nach einer ärztlichen Bescheinigung, die der Welpe vom Tierarzt ausgestellt bekommen hat. Lassen Sie sich unbedingt den Impfpass mitgeben (den hat der Züchter sofort nach einer Impfung vom Tierarzt erhalten) und fragen Sie nach der letzten Entwurmung! Mit welchem Präparat wurde diese vorgenommen?

Bekommen Sie die fertigen Papiere bereits mit, so überprüfen Sie die Übereinstimmung mit der Ahnentafel. Die eingetragene Registriernummer wurde früher meist in das Ohr tätowiert, heute werden die Tiere meist nur noch gechipt (Tierarzt). Oft werden die Papiere erst später vom Verein ausgestellt, es wäre also durchaus üblich, wenn Sie diese nachgeschickt bekommen. Regeln Sie den Kauf auf jeden Fall mit einem schriftlichen Kaufvertrag (normalerweise macht das jeder Züchter schon freiwillig!) und lassen Sie sich noch Futter für die nächsten Tage mitgeben, wenn möglich. Ein guter Züchter wird auch gerne noch (per Telefon) hören von Ihnen, ob alles gut geht und der Kleine sich wohl fühlt und Ihnen gegebenenfalls ein paar Tipps geben.

Denken Sie daran, die Decke mitzunehmen, die Sie dem Züchter zur „Beduftung" überlassen haben. Setzen Sie den Kleinen auf der Fahrt in seine Transportbox, in die Sie diese decke hineinlegen und achten Sie darauf, dass jemand mit ihm spricht und ihn beruhigt. Sollten Sie eine lange Fahrt vor sich haben, müssen Sie auch eine oder mehrere Pausen mit einrechnen, während der Sie ihm Wasser anbieten und gleich einmal nachsehen, ob er sein Geschäftchen (an der Leine natürlich!) draußen erledigt.

Bereit fürs Leben...

II.: Haltung

Der neue Lebensabschnitt

Der Welpe kommt ins Haus – Vorbereitungen

Bevor das neue Familienmitglied ins Haus geholt werden kann, sind ein paar Vorbereitungen zu treffen. Es ist sehr wichtig, dass Sie sich bereits vorab Gedanken darüber machen, damit vermeiden Sie Stress, wenn er dann da ist. Außerdem ist es denkbar ungünstig, wenn Sie erst losziehen um für ihn einzukaufen, wenn er dann bereits daheim auf dem Sofa sitzt!

Machen Sie sich Gedanken darüber, wo der Kleine schlafen soll, in einem Körbchen, auf einer Decke, oder gar in Ihrem Bett. Auf jeden Fall braucht der Hund eine Rückzugsmöglichkeit, ein Ort, der nur ihm gehört, an dem er sich besonders geschützt und in Ruhe gelassen fühlt. Ein Körbchen beziehungsweise eine Höhle (auch eine Katzenhöhle ist für Chihuahuas geeignet) wird erfahrungsgemäß gerne akzeptiert, eventuell auch eine gut ausgepolsterte Transportbox, die offen stehen gelassen wird. Lassen Sie diese immer am gleichen Platz stehen!

Für den Fall, dass der Hund bei Ihnen im Bett schlafen darf, lassen Sie sich gesagt sein, dass er das dann immer will. Also: einmal begonnen, bedeutet meist auch, für immer! Und ein Hund bleibt nicht die ganze Nacht an derselben Stelle liegen, er bewegt sich öfter, liegt mal unter, mal auf der Decke und wandert so hin und her. Haben Sie einen empfindlichen, leichten Schlaf, so ist das nicht gerade ange-nehm mit so einem „Bettgenossen". Auch bezüglich Hygiene ist es nicht Jedermanns Sache, einen Hund im Bett zu haben. Das ist alleine Ihre Entscheidung (wobei Kinder fast immer mit Hund schlafen wollen – manchmal streiten sie sogar darum, wer dran ist...), nur denken Sie eben daran, dass Sie dabei konsequent sein sollen. Mancher Hund begnügt sich auch gerne damit, wenn er einfach am Abend mal mit im Bett „kuscheln" darf – und anschließend selbst in sein eigenes Bettchen gebracht wird, wo er dann die Nacht verbringt. Es gibt allerdings auch andere Hunde (eigene Erfahrung) die von vorneherein sagen „Ich schlafe selbstverständlich im Bett, klar!". Will man das nun nicht, muss man sich strikt durchsetzen und das dem Hund auch verständlich machen! Einem Welpen kann man das leicht beibringen, nur müssen gelegentliche, „furchtbar traurige" Töne, die durch die Nacht erklingen, auch durchgehalten werden! Keine Angst, Ihr Hund weiß sicher, wie er Sie rumkriegt...

- Futterplatz:
  Wo darf der Kleine trinken und wo wird er gefüttert? Achten Sie darauf, dass der Platz gut sauber zu machen ist, falls einmal etwas daneben geht. Futter- und Trinkgefäße aus Edelstahl sind übrigens leichter zu säubern bzw. zu entkalken als zum Beispiel solche aus Kunststoff. Außerdem kann man sie auch in der Spülmaschine reinigen. Sie sollten an die Körpergröße des Hundes angepasst, also nicht zu groß und nicht zu tief sein.

- Gibt es im Haus/ Garten/ in der Wohnung irgendwelche Gefahrenzonen (Treppen, Teich) oder Bereiche, in denen der Hund nichts verloren hat? Dann müssen Sie diese sichern beziehungsweise absperren. Besonders, wenn Sie den Hund doch einmal alleine lassen müssen, sollten Sie ihn nur an einem Ort lassen, wo er nichts anstellen kann und ihm nicht passieren kann! Aber bitte nicht in seiner Box einsperren oder Ähnliches!

- Haben Sie eine hohe Couch, so gibt es auch kleine Hundetreppen im Fachhandel, die das Hinaufspringen erleichtern. Die ist im übrigen nicht nur eine Sache des Erwachsenwerdens oder der Gefahrenvermeidung, denn auch wenn Chihuahuas dies durchaus gerne und oft tun: viel und hohes Springen kann durchaus mit fortschreitendem Alter die Gefahr von Verletzungen durch Muskelzerrung oder Kniegelenks- und Hüftschäden vergroßern! Daher ist eine Hilfe zum Erklimmen von gerne besuchten höher gelegenen Plätzen in Ihrem Haushalt (wie zum Beispiel eben die genannte Couch) durchaus sinnvoll!

- Schaffen Sie sich eine Transportbox an, im Auto ist die sichere Unterbringung entweder in einer Box oder mit einem speziellen Geschirr angegurtet Pflicht und kann bei Nichtbeachtung zu unangenehmen Geld-strafen führen!

- Besorgen Sie das empfohlene Hundefutter (Züchter!)

- Bieten Sie dem Welpen spezielles Hundespielzeug an, damit er Beschäftigung hat, wenn er einmal alleine sein muss. Dabei gibt es im Fachhandel Quietschtiere (Achtung, kann auch nerven!), Kauknochen (Größe beachten!), Spieltau etc.

- Haben Sie eine Hundedecke, die Sie ihm geben können zum Kuscheln? Genügend alte, ausgediente Lumpen oder alte Handtücher, wenn einmal „was daneben" geht?

- Kaufen Sie ein (mitwachsendes, bequemes, nicht scheuerndes, siehe auch Kapitel Erziehung) Hundegeschirr mit Leine für den Spaziergang. Anfangs brauchen Sie noch keine Rollleine, der Hund wird sich nicht weit von Ihnen weg bewegen. Eine Leine ist trotzdem unbedingt zur Gefahren-vermeidung (Weglaufen, Erschrecken) und zur Erziehung wichtig! Falls Sie Probleme haben bei der Besorgung: für einen Welpen geht auch eine sog. Vorführleine, da sind Halsband und Leine in einem verarbeitet.

- Erkundigen Sie sich (eventuell bei anderen Hundebesitzern) nach einem guten Tierarzt in Ihrer Nähe, der sich vor allem mit Kleinhunden auskennt!

- Richten Sie eine kleine Notfallapotheke her, für die Erstversorgung falls der Hund sich verletzt oder krank wird.

- Besprechen Sie die Verhaltensregeln im Umgang mit dem Hund mit Ihren Kindern und Familienmitgliedern!

- Stellen Sie Ihre Zimmerpflanzen, Reinigungsmittel, Chemikalien, Lebens-mittel, Haushaltsmüll sowie Schmutzwäsche außer Reichweite des Hundes (siehe Liste Giftiges!). Abgesehen davon, dass Chihuahuas durchaus neugierig sind, probieren sie auch gerne alles Mögliche einmal aus, ob es nicht doch schmeckt – was logischerweise üble Folge haben kann!

- Entfernen Sie Kinderspielsachen, soweit vorhanden, und Gegenstände, bei denen sich Kleinteile lösen können, der Welpe könnte etwas verschlucken. Überhaupt sollte man natürlich alles, was der Hund nicht anknabbern darf, wegräumen!

- Streuen Sie kein Schneckenkorn mehr aus und spritzen Sie nicht mehr mit Gift in den Breichen des Gartens, den der Hund betreten kann!

- Nehmen Sie sich die erste Woche von der Arbeit frei, damit Sie sich gut aneinander gewöhnen können und lassen Sie an den ersten Tagen auch möglichst keinen Besuch kommen (der den Zuwachs natürlich begutachten möchte!).

Ankunft und Erstes Beschnuppern

Sobald Sie mit dem Kleinen nach Hause kommen, zeigen Sie ihm, wo Futterschale und Wassernapf (immer frisch gefüllt, ständig zur Verfügung!) stehen. Lassen Sie diese auch immer am selben Ort stehen.

Haben Sie einen Garten, so versuchen Sie, ob er sein Geschäftchen dort erledigen will. Ansonsten legen Sie ihm etwas Zeitungspapier nahe der Terrassen- oder der Wohnungstüre aus.

Lassen Sie ihm Zeit, sich in Ruhe umzusehen in seinem neuen Zuhause, er wird erst einmal längere Zeit damit beschäftigt sein, alles durchzuschnuppern. Zeigen Sie ihm seinen Schlafplatz, wenn Sie merken, dass er müde wird. Legen Sie ihm die Decke mit dem Geruch seiner Mutter und der Geschwister hinein.

Akzeptieren Sie, wenn er seine Ruhe haben möchte und weisen Sie auch dringend Ihre Kinder (und andere Familienmitglieder) an, ihn nicht aufzuwecken, wenn er schläft. Das ist sehr wichtig! Kinder haben damit oft ihre Probleme, denn er soll ihnen schließlich zur Verfügung stehen, wenn sie mit ihm spielen wollen. Sie müssen erst lernen, dass er ebenfalls ein Geschöpf ist und nicht nur seinen (manchmal sehr eigenen!) Willen hat, sondern auch Rechte, auf die zu achten ist.

Wacht er dann nach einem Schäfchen wieder auf, wird er erst einmal „müssen", rechnen Sie damit und schnappen Sie ihn sich sofort, wenn Sie kein Pfützchen drinnen haben wollen. Zeigen Sie ihm wieder den Wassernapf und bieten ihm Futter an.

Trockenfutter können Sie im übrigen auch stehen lassen, wenn Sie möchten, so dass er sich immer bedienen kann, wenn er will, Feuchtfutter dagegen muss nach etwa 10 Minuten entsorgt werden. Sorgen Sie dafür, dass immer frisches Trinkwasser bereitsteht.

Wohnt in Ihrem Haushalt bereits ein Hund, so verändert sich das Futterverhalten: Sie müssen darauf achten, dass es keine Eifersuchtsraufereien zwischen den Tieren gibt, sie beide gleich behandeln und darauf achten, dass auch keiner von beiden zu kurz kommt, während der andere rund und dick wird. Also, Futterkontrolle ist angesagt!

Lassen Sie ihn anfangs keine Treppen steigen, sondern tragen ihn, um Unfälle zu vermeiden. Auch auf die Couch oder höher gelegene Plätze müssen Sie ihn hoch- und wieder hinunter heben. Lassen Sie ihn dabei nicht aus den Augen!

Die erste Nacht

Stellen Sie sein Schlafkörbchen neben Ihrem Bett auf, so dass Sie mit der Hand hinein-langen können. Wird der Kleine unruhig, dann können Sie ihn beruhigend streicheln und er lernt, dass er nicht alleine ist. Wenn er heulen oder winseln sollte und Sie nehmen ihn heraus und mit ins Bett – dann viel Spaß für immer (siehe vorheriges Kapitel)! Lassen Sie ihn unbedingt vor dem Schlafen gehen noch einmal sein Geschäft erledigen und passen Sie ihn ab, sobald er aufsteht und tragen ihn sofort hinaus. Wacht er nachts auf, sollten Sie ihn ebenfalls hinaus bringen. Stellen Sie neben sein Körbchen eine Katzentoilette auf, wenn er das so gewöhnt war beim Züchter, oder legen

Sie etwas Zeitungspapier aus. Falls Sie doch nicht rechtzeitig aufwachen, hat er einen Platz, an dem er „machen" darf. Das hat übrigens auch den Vorteil, dass das raschelnde Geräusch, das Umhertrappeln der Pfötchen auf dem Papier machen, auch schnell eine gute Aufweckfunktion haben…
Wie gesagt, normalerweise muss ein Welpe etwa alle 2 Stunden mal, aber er wird schnell älter und genau wie das bei kleinen Kindern ist, geht es bei dem einen eben schneller als bei dem anderen. Wenn er erst einmal durchschläft, geht es nur noch darum, ihn beim Aufstehen rechtzeitig zu erwischen und hinaus zu bringen.

Gestalten Sie die Erziehung spielerisch und überfordern Sie ihn nicht, nur durch ständige Wiederholung und Belohnen lernen Tiere (und oftmals auch wir Menschen), was wir von ihnen wollen.

Stubenreinheit

Da dies eine der wichtigsten Lektionen ist, die Ihr Kleiner schnellstmöglich lernen soll (in der Regel innerhalb von 2 bis 3 Wochen) hier gleich die Tipps, wie es klappen müsste:

- gehen Sie anfangs alle 2 Stunden mit ihm raus oder wenn er unruhig wird
- hat er draußen gemacht, loben Sie ihn überschwänglich, am besten mit einem Leckerli belohnen
- hat er doch einmal in die Wohnung gemacht, sagen Sie ihm, dass sein Verhalten unerwünscht ist, aber bitte nicht schlagen oder mit der Nase in den Urin oder Kot tauchen! Dafür müssen Sie ihn jedoch auch auf „frischer Tat" ertappen, denn bereits nach wenigen Minuten weiß er gar nicht mehr, was er falsch gemacht hat, wenn Sie ihn schimpfen. Sein kleines Gehirn stellt dann keine Assoziation mehr her, warum, und es stellt sich auch kein Lerneffekt ein. Haben Sie ihn also nicht dabei erwischt, sondern finden nur die „Hinterlassenschaft", so ignorieren Sie das und räumen es einfach weg
- gleich nach jeder Mahlzeit, nach dem Schläfchen oder nach dem Spielen hochnehmen und hinaustragen, denn dann muss er sofort (und nicht erst nach 10 Minuten oder so, wirklich ***sofort***!)
- beobachten Sie den Welpen genau, nähert sich sein Hinterteil dem Boden, verkrampft er sich, so packen Sie ihn schnell und befördern ihn (vorsichtig natürlich) nach draußen. Dann sofort loben! Schaffen Sie es nicht mehr rechtzeitig, dann nehmen Sie ein „Notklo" (Katzentoilette oder Zeitung), loben Sie ihn ebenfalls, sobald er dort hin gemacht hat. Allerdings sollte dieses niemals den (mehrmaligen) täglichen Spaziergang ersetzen, dies ist allemal eine Notlösung! Im übrigen neigen manche Hunde dazu, Katzenstreu zu futtern (mmh, das knuspert so schön), was gefährlich sein kann (Darmverschluss zum Beispiel möglich),

oder, die Hinterlassenschaften anderer Hausbewohner im Katzenklo aufzuräumen (indem sie diese fressen!)

- hat der Welpe verstanden, was Sie von ihm wollen und funktioniert es gut, so verlängern Sie den Zyklus, nach dem Sie mit ihm hinausgehen, immer um 15 Minuten, bis zu dem erwünschtem „Pinkelzyklus" von etwa 3 – 4 Stunden für das erwachsene Tier.

Hund und Kind

Achten Sie darauf, dass der Hund ausgeglichen ist. Wirkt er unzufrieden, knurrt, und reagiert unwirsch, so hat das sicher einen Grund. Kinder freuen sich zwar riesig über den neuen Spielkameraden, doch der Chihuahua ist, schon von der Körperstatur her, kein idealer Sparringpartner für ein Kind, es kann ihm einfach zu schnell etwas passieren. Daher reagieren viele Chihuahuas schnell über, fühlen sich bedroht und schnappen zu – meist schneller als große Hunde es täten. Das sollte man unbedingt bedenken, wenn man sich einen Chi anschafft. Wichtig ist auch, dafür zu sorgen, dass Ihr Kind nicht eifersüchtig auf den Hund wird, und als Folge grob zu ihm ist. Je kleiner ein Kind ist, desto mehr müssen Sie auf beide acht geben, was schon zu einer Belastungsprobe werden kann. Lassen Sie beide nicht unbeaufsichtigt alleine. Hierbei ist die Erziehung des Hundes besonders wichtig, so dass er auf Sie hört und Ihnen gehorcht. Stammt der Hund aus einer Zucht, in der er bereits Kontakt zu Kindern hatte, ist es für ihn leichter, sich einzugewöhnen. Übertragen Sie dem Kind ruhig kleinere Aufgaben für den Hund wie zum

Beispiel frisches Wasser geben, das Halsband anziehen. Alleine „Gassi" gehen darf es mit ihm, wenn es größer und entsprechend verantwortungsbewusst ist.
Denken Sie daran, dass Ihr Kind auch älter wird und sich bei Erreichen der Pubertät ziemlich wahrscheinlich wesentlich weniger für den Hund als für andere Dinge (oder Menschen) interessieren wird! Bedeutet, Sie schaffen sich einen Hund an, in erster Linie für sich selbst, weil Sie das wollen und weil Sie auch Zeit und Lust haben, die anfallenden Arbeiten selbst zu erledigen! Ihr Kind ist irgendwann erwachsen und flügge, der Hund aber bleibt Ihnen – durchschnittlich 15 Jahre lang – erhalten! Bitte bedenken Sie dies **vor** dem Hundekauf!

Ernährung

Selbstgekocht oder Fertigfutter?

Das ist die „Gretchenfrage". Im Endeffekt ist es wie bei der Babynahrung: Bereitet man die Mahlzeiten selbst zu, weiß man zwar, was drin ist, aber noch lange nicht die genau enthaltenen Inhaltsstoffe (Vitamine, Mineralien und Spurenelemente, Kalorien etc.). Eine analytische Überprüfung gibt es nicht, die steht nur auf der Verpackung von Fertignahrung. Hier bürgt der Hersteller für die genaue und gleichbleibende Zusammensetzung des Produktes. Es kommt schnell zu Überfütterung (eigene Erfahrung!), aber bei einseitigem Futter auch zu Mangelerscheinungen. Abgesehen vom Zeitaufwand! Andererseits kommt nur in den Napf, was man selbst hinein gibt: hochwertiges Fleisch, ein kleiner Anteil Gemüse und Kräuter, ein wenig Getreide. Bei Problemen mit Allergien und Unverträglichkeiten kann dies, in Absprache mit Ihrem Tierarzt, durchaus die erste Wahl werden, wenn Sie sich die Mühe machen und nicht zur die Hundemahlzeiten selbst zubereiten, sondern sich auch ausführlich mit der artgerechten Ernährung beschäftigen!
Bei der Wahl von Fertigprodukten ist auf gute Qualität zu achten, insbesondere bezüglich Fleischanteil, Geschmacksverstärker, Konservierungsmittel, Farb- und Lockstoffe und Allergieauslöser. Lassen Sie sich am besten von Ihrem Züchter, erfahrenen Hundefreunden oder im Fachhandel beraten.

Die Mahlzeit

Die meisten Hunde fressen relativ schnell und gierig in sich hinein. Viele Chihuahuas aber sind kleine Leckermäuler und nicht ganz so leicht zufrieden zu stellen. Bei Rudelhaltung überwiegt meist der Futterneid, die „Mäkeligkeit" nimmt ab. Leben mehrere Hunde zusammen, sollte jedes Tier seinen eigenen Napf haben und nicht zu dicht nebeneinander gefüttert werden, um Raufereien zu vermeiden.
Einem jungen Hund zwischen 3 und 6 Monaten bekommt die Fütterung dreimal am Tag am besten. Ab dem 7. Monat dann zweimal täglich. Erwachsene Hunde ab dem 1. vollendeten

Lebensjahr können auch nur einmal täglich gefüttert werden. Allerdings hat der Hund dann sehr großen Hunger. Bei Kleinhundrassen wie Chihuahuas empfiehlt es sich, die zweimalige Mahlzeit beizubehalten. Das entlastet den Magen und Verdauungstrakt. Ist der Hund besonders zierlich, dann ist dies besonders wichtig, damit er nicht in den Unterzucker gerät.
Trächtige und säugende Hündinnen bekommen dreimal täglich Spezialfutter. Nach dem Fressen soll der Hund kurz nach Draußen dürfen um zu Koten und dann eine Ruhepause haben.

Futterempfehlung

Bis zum Alter von einem Jahr sollte der Hund weiterhin Welpenfutter („puppy") erhalten, denn darin sind in ausreichender Menge genau die Stoffe enthalten, die der Kleine für sein Wachstum braucht. Anfangs unbedingt das gleiche Futter, das er schon vom Geburt auf gewohnt ist. Manche Züchter geben auch noch eine „Anfangsration" mit, damit Sie Zeit haben, sich dasselbe Futter zu besorgen. Fragen Sie, wo man es nachkaufen kann!
Nach Ablauf des ersten Lebensjahres steigt man auf Erwachsenenfutter („adult") um. Innerhalb einer Woche verringert man den Anteil vom Welpenfutter immer mehr und erhöht den Anteil vom neuen Futter. Danach bekommt er dann nur noch das Erwachsenenfutter. Ab etwa 8 Jahren kann auf Seniorfutter umgestellt werden, das den Bedürfnissen älterer Hunde angepasst ist (weniger Kalorien, reduzierter Eiweißgehalt).

Trocken- oder Feuchtfutter?

Manche Hunde nehmen nur Feuchtfutter an. Dies ist (je nach Hersteller) sehr bekömmlich und ebenso gehaltvoll wie Trockenfutter. Jedoch erfolgt durch das Fressen von Trockenfutter ein Abrieb der Zähne, wodurch sich weniger Zahnstein bilden kann. Und dieser verursacht (zusammen mit kaputten Zähnen) Mundgeruch, je nach Veranlagung und Alter kann der unerträglich werden! Der Tierarzt leistet dann Abhilfe. Trockenfutter dagegen hält sich lange und bei kleinen Rassen wie dem Chihuahua, die im Endeffekt nur winzige Mengen bekommen (durchschnittlich sind das je nach Hersteller rund 45 g am Tag), sollte man sich auch ein gutes (und etwas teureres) Futter leisten. Ihr Hund bleibt länger gesund, vital und lebt meistens als Folge auch länger.
Sehr wichtig bei der Gabe von Trockenfutter ist, dass immer frisches Wasser bereitsteht, zu dem der Hund ständig Zugang hat. Man kann es auch einige Minuten vorher in etwas Wasser oder Brühe einweichen, wenn der Hund wenig trinken mag.

Achtung

Füttern Sie nie das (von der Größe her gut passende und auch sehr gerne gefressene) Katzenfutter, da es durch seinen höheren Proteingehalt (und aufgrund der anderen Zusammensetzung) das Wachstum fördert, was in unserem Fall nicht erwünscht ist, abgesehen davon, dass es für den Chihuahua nicht gesund ist!

Trinken

Dem Hund muss, welches Futter Sie ihm nun auch füttern, immer frisches, täglich neu abgefülltes Wasser zur Verfügung stehen. Bei Krankheit kann auch dünner Kräutertee (ungesüßt) gereicht werden, aber achten Sie dann darauf, ob er ihn auch annimmt. Bedenken Sie, dass der Hund rund um die Uhr an einen Wassernapf kommen muss, besonders bei geheizten Räumen und trockener Raumluft im Winter!

Achten Sie auch auf veränderten Flüssigkeitsbedarf bei Sommerhitze. Schnee auflecken oder aus Pfützen darf der Hund niemals trinken!

Vermeiden Sie Fütterungsfehler

1. Selbstzubereitetes „Reste-Essen“: Mahlzeiten, die „gerade so da sind“, einseitig, nur aus Abfällen, Gewürztem, Fetten, Wurstresten, Fleisch und Getreideflocken bestehen. Dies führt häufig zu Mangelerscheinungen zum Beispiel an Mineralstoffen wie Kalzium, Zink, Jod und Vitamin A. Gerade bei selbst zubereiteter Nahrung ist die genaue Kontrolle und das Wissen um den Bedarf der Vitamin- und Mineralstoffzugabe ein Muss!

2. Wird die Kalziumzugabe nicht genau berechnet bei der Ernährung des Welpen, kann sowohl ein Zuviel wie auch ein Zuwenig äußerst schädlich sein und das Knochenwachstum beeinträchtigen! Ein hochwertiges Welpenfutter weist ein optimales, genau kontrolliertes Kalzium-Phosphor-Verhältnis auf.

3. Zu häufige, nicht genau abgemessene Mahlzeiten führen zu Übergewicht und belasten Stoffwechsel, Kreislauf, Knochen und Verdauungssystem.

4. Mahlzeiten zu unregelmäßigen Fütterungszeiten: das Verdauungssystem bereitet sich die Nahrungsaufbereitung jeden Tag zur selben Zeit vor zur Optimierung der Nahrungsauswertung. Erfolgt diese dann erst viel später, sind die Verdauungsorgane nicht genug vorbereitet, dadurch erhöht sich die Gefahr von einer Magendrehung (die tödlich enden kann!) und auch anderer Verdauungsstörungen.

5. Fütterung nur einer einzigen, großen Mahlzeit am Tag: die gesamte Tagesration wird auf einmal gegeben, die Menge ist dadurch so viel für den kleinen Magen, dass wiederum die Gefahr einer Magendrehung besteht. Das Tier ist ausgehungert und schlingt sein Futter schnell hinunter, was ebenfalls zu Schädigungen führen kann. Trockenfutter kann je nach Essverhalten des Tieres eventuell den ganzen Tag stehen gelassen werden (meist nur bei Einzelhaltung möglich!).

6. Häufige Zwischenmahlzeiten und Belohnungen mit Futter oder Leckerlis: die Menge an zwischendurch beziehungsweise zusätzlich verabreichten Leckereien sollte weniger als ein Zehntel der gesamten Tagesfutterration bleiben. Ansonsten wird das Gleichgewicht der ausgewogenen Inhaltsstoffe des Futters gestört, die Leckerlis haben schließlich eine andere Zusammensetzung als das Hauptfutter. Überhaupt sind Leckerlis nur als spezielle Belohnungshappen für Erziehung und Spiel geeignet, nicht als Nahrungsergänzung, und sollen nur gezielt und kontrolliert gegeben werden.

7. Häufiger Futterwechsel: in der Regel wird hierdurch das Verdauungssystem übermäßig belastet, außerdem wird das Tier leicht heikel. Bekommt einem Hund das Futter gut, frisst er es gerne, ist gesund und hat keine Unverträglichkeiten oder Stoffwechselprobleme, die zu behandeln sind über das Futter, so bleiben Sie am besten auch dabei. Ob es ihm gut tut, merkt man auch an seinem Fell.

8. Beim Spaziergang nie aus Pfützen, stehenden Gewässern trinken lassen oder Schnee auflecken lassen, das kann Durchfall und Magenkrämpfe verursachen!

9. Fütterung von Knochen, die splittern (gekochte Knochen, Geflügel- oder Kotelettknochen, Schweineknochen Verletzungsgefahr, teilweise Krankheitserreger!): zu viele Knochen füttern verursacht vor allem bei älteren Hunden Verstopfung. Kalbsknochen sind grundsätzlich am besten zu empfehlen. Ansonsten gibt es im Zoohandel spezielle Kauknochen, die gerne angenommen werden. Knabbert Ihr Hund gerne, so sollten Sie ihm immer etwas bieten, das er auch ankauen darf. Alles andere ist dann tabu!

10. Direkt vor einem ausgiebigen Spaziergang bitte keine Fütterung! Danach soll eine Ruhepause erfolgen, denn Anstrengungen führen zu einer Verringerung der Magensäurebildung (mögliche Folgen Magendrehung, Verdauungsstörungen!).

11. Niemals Häppchen vom Tisch oder von Ihrem Teller geben! Sonst ziehen Sie sich einen „Bettler par excellence“ heran und haben bei Ihren eigenen Mahlzeiten keine Ruhe mehr! Das kann übrigens auch recht peinlich sein, wenn man Besuch hat oder selbst woanders eingeladen ist.

12. Immer erst nach den menschlichen Mahlzeiten wird der Hund gefüttert, das erinnert ihn an die Rangfolge (wie in einem „richtigen“ Hunderudel) und daran, dass er unterhalb des Menschen gestellt ist.

Jajaja, für Häppchen sind wir immer da...

1. Giftiges und Unverträgliches

Wir hoffen und wünschen Ihnen und Ihrem Hund natürlich von Herzen, dass Sie beide niemals die Probleme haben werden , die diese Substanzen hervorrufen können, wenn er sie aufnimmt! Damit Sie aber bereits rechtzeitig gewarnt sind, haben wir die folgende (sicher nicht ganz vollständige!) Liste zusammengestellt. Bitte achten Sie besonders auf die (scheinbar so „unschuldigen) Zimmerpflanzen, die sofort außer Reichweite gestellt werden müssen, sobald - besonders ein junger – Hund aufgenommen wird! Hier geht es sowohl um toxisch wie auch um unverträglich wirkende Stoffe.
Ihr Hund sollte grundsätzlich folgendes nicht fressen /fressen können(da Sie es weggeräumt haben!):

- **Zucker**, auch Kuchen, Kekse, Süßigkeiten (machen dick, fördern Karies und belasten die Nieren)
- **Salz** (nur in geringsten Mengen, zuviel schädlich)
- **Schokolade** (enthält Theobromin, führt schon in kleinen Mengen zu Leberversagen, je dunkler, desto gefährlicher!)
- **Kakao** (Theobromin)
- **Kaffee** (Theobromin)
- **Kräuter und Gewürze** (ätherische Öle, Gerbstoffe, Säuren, die in größeren Mengen giftig sein können)
- **Giersch**
- **Brennnessel** (nicht in größeren Mengen füttern)
- **rohes Fleisch**, vor allem Schweinefleisch (Krankheitserreger!)
- **Bohnen**, roh (Blausäure!)
- **Bohnen,** gekocht (Blähungen)
- **Bohnenkeimlinge** nur in gebrühtem Zustand, nicht roh (enthalten ein Enzym, das die Aufnahme von Eiweiß hemmt)
- **Hülsenfrüchte** allgemein (Linsen, Erbsen, Bohnen)
- **Kartoffeln**, roh
- **Zwiebeln, Lauch, Knoblauch**, alle Arten von Alliumgewächsen (giftig bis stark giftig aufgrund des enthaltenen N-propyldisulfid, Aliin), auch **Blumenzwiebeln** samt Stängel und Blättern!
- **Kohl** (Blähungen)
- **Sellerie** (kann Allergien auslösen)
- **Meerrettich**
- **Margarine** (ungesund wegen der chemischen Zusätze und gehärteten Pflanzenfette)
- **Rettich**
- **Spinat**

- **Sojaprodukte, Pflaumen, Alfalfa** nicht an trächtige oder säugende Hündinnen füttern, beeinflussen den Östrogenhaushalt
- **Tomaten, Paprika, Auberginen** (Nachtschatten, enthalten Solanin)
- **Sahne, Milch, Fett** (Durchfall)
- **Weintrauben und Rosinen** (können in größeren Mengen zu Darmverschluss und letztendlich Tod führen)
- **Avocado** (eine Vergiftung kann tödlich enden!)
- **Wurst** (enthält Salz, viel Fett und oft Zusätze)
- **Erdnüsse**
- **Zuckerersatzstoff Xylit**
- **Cola und kohlensäurehaltige Getränke**
- **Alkohol** und alkoholische Speisen
- **Teebaumöl und andere ätherische Öle**
- **Tabak bzw. Nikotin** (gefährlich für neugierige kleine Welpen!)
- **Duftöle**
- **Chemikalien**
- **Reinigungsmittel**
- **Scharfes**
- **Salziges**
- **Saures**

Achtung:
Die Listen Nr. 1 und 2. sind keinesfalls vollständig, alle giftigen Pflanzen und Lebensmittel u. a. hier aufzuzählen, würde den Rahmen dieses Buches leider überschreiten!

...Alles blöd!

2. Giftige Pflanzen in Haus und Natur

Alpenveilchen (Knolle, Rhizom, Blüten und Blätter)
verursacht Schleimhautreizung, Brechdurchfall, Lähmungen, Krämpfe, Tod

Alpenrose
verursacht Speicheln, Augen- und Nasenausfluss, Puls- und Blutdruckabfall, Tod durch Atemlähmung (Grayanotoxin)

Amaryllis (ganze Pflanze und Zwiebel)
verursacht Erbrechen, Durchfall, Krämpfe, Herzrhythmusstörungen

Anthurie (ganze Pflanze)
verursacht Schleimhautreizung, Speicheln, starke Schwellungen in Maul und Kehlkopf, Brechdurchfall, Atemnot, Nierenerkrankungen, ZNS-Symptome

Aronstab (ganze Pflanze)
verursacht starke Schleimhautschwellungen, Speicheln, Erbrechen, Koliken, Krämpfe, im Extremfall Koma und Tod

Azalee
verursacht Speicheln, Augen- und Nasenausfluss, sinkender Blutdruck, Krämpfe, gegebenenfalls Tod durch Atemlähmung (Grayanotoxin)

Birkenfeige (Ficus benjamini)
verursacht Speichelfluss, Erbrechen, Durchfall, Fieber, Bewegungsstörungen

Buchsbaum (Rinde, Blätter)
Erbrechen, Krämpfe, Durchfall, Atemlähmung mit Tod (Cyclobuxin, 5 g Blätter pro kg Körpergewicht reichen aus!)

Buschwindröschen
verursacht Krämpfe und reizt den Verdauungstrakt

Butterblume
verursacht Krämpfe, reizt den Verdauungstrakt

Calla (Drachenwurz)
verursacht Durchfall, Lähmungen, Reizungen der Schleimhäute von Maul (Jucken, Rötung, Schwellung, Schmerz) und Augen (Tränen und Bindehautentzündung)

Clivie
Genuss verursacht Brechdurchfall, Krämpfe, Lähmungen (Lycorin)

Christusdorn (Milchsaft)
Genuss verursacht Erbrechen, Krämpfe, Durchfall, Bewusstseinsstörungen, Tod

Dieffenbachie
verursacht Schleimhautreizung von Augen (Tränen und Bindehautentzündung) und Maul (Jucken, Rötung, Schwellung, Schmerz)

Drachenbaum
Genuss verursacht Reizung der Schleimhäute, Brechdurchfall, Lähmungen, Tod

Efeu, langblättriger
verursacht Speicheln, Nervosität und Zittern, Erhöhung der Körpertemperatur, Leber- und Nierenversagen, Tod

Elefantenohr
verursacht Schleimhautreizung, Spei-

cheln, starke Schwellungen in Maul und Kehlkopf, Brechdurchfall, Atemnot, Nierenerkrankungen, ZNS-Symptome

Eibe (Kern der Beere, Rinde, Nadeln)
verursacht Atemlähmung, Krämpfe, Fieber, Erbrechen, Durchfall, Tod

Fensterblatt (Oxalsäure)
Das Gift ist in den kleinen Nadeln enthalten, die bei Verletzung der Pflanze in Haut oder Schleimhaut der Tiere eindringen kann. Diese schwillt stark an und verfärbt sich rötlich, was sehr schmerzhaft ist. Eine weitere Aufnahme der Giftstoffe wird aber eingeschränkt oder verhindert. Symptome sind: Speicheln, Reiben, Kopfschütteln, vermehrte Versuche zu Trinken, teilweise Unfähigkeit zur Nahrungsaufnahme, Blasen auf der Schleimhaut. Bei Verschlucken Erbrechen, Koma, bis zum Tod. Kontakt mit den Augen: starke Augenentzündung, (3 - 4 Wochen lang). Akutes Organversagen kann zum Tod führen.

Fingerhut (Digitalis)
Genuss verursacht Erbrechen, Krämpfe, Durchfall, Herzrhythmusstörungen, bei größeren Mengen auch Herzstillstand (Herzglykoside)

Geißblatt (ganze Pflanze)
verursacht Hämolyse, Leberschädigung, kann bis zum Tod führen

Goldregen (Blüten, Samen, süß schmeckende Wurzeln)
verursacht heftiges Erbrechen, Durchfall, Kollaps. Die tödliche Dosis liegt bei 2 bis 7g Samen pro kg Körpergewicht

Gummibaum
verursacht Reizungen der Schleimhäute, Brechdurchfall, Ödeme am Kopf, Urämie, Tod

Herbstzeitlose
verursacht erst nach mehreren Stunden Schluckbeschwerden, Brechdurchfall, Koliken. Mehrere Samen schon können zum Tod durch Atemlähmung führen

Hortensie (Blausäure, in frischen und getrockneten Blüten)
heftige Magen- Darmreaktionen mit blutigem Durchfall und Zitteranfällen

Iris (unterirdischer Stängelteil)
verursacht Verdauungsstörungen

Maiglöckchen
Erbrechen, Krämpfe, Durchfall, Herzrhythmusstörungen, bei größeren Mengen auch Herzstillstand (Herzglykoside). Bis die Störungen auftreten, sind die Toxine bereits vollständig aufgenommen.

Mistel
verursacht erhöhte Harnausscheidung, Bewegungsstörungen, Körpertemperatur sinkt ab, Kreislaufversagen

Nachtschatten (z.B. Tomaten)
verursacht Erbrechen und Koliken, Kreislaufstörungen, erweiterte Pupillen, Lähmung der Atmung und Tod

Nadelbäume (Nadeln)
verursacht Reizungen und Entzündungen der Schleimhäute, Erbrechen, verweigert die Nahrungsaufnahme, Apathie

Narzissen (Osterglocken)
Genuss verursacht Krämpfe, Reizung des Verdauungsapparates

Oleander (Pflanzensaft)
Genuss verursacht Erbrechen, Krämpfe, Durchfall, Herzrhythmusstörungen, bei großer Mengen auch Herzstillstand (Herzglykoside)

Philodendron (ganze Pflanze)
Speicheln, Krämpfe, Zittern, Fieber, Leber-, Nierenversagen, Tod

Primeln
Genuss verursacht Speicheln, Erbrechen, Durchfall, Augen- und Nasenausfluss, Puls- und Blutdruckabfall, Tod durch Atemlähmung (Grayanotoxin)

Rhododendron
verursacht Speicheln, Augen- und Nasenausfluss, Puls- und Blutdruckabfall, Tod durch Atemlähmung (Grayanotoxin)

Rhabarber (Oxalsäure)
bedingt eine Verschlechterung der Aufnahme von Kalzium, wodurch sich Harnsteine bilden können. Die Blutgerinnung kann sich verschlechtern.

Rittersporn
verursacht Übelkeit, Erbrechen, Muskelzuckungen, Atemlähmung und Herzversagen können zum Tod führen

Schierling, gefleckter (ganze Pflanze)
Bereits 50 mg sogenanntes Coniin pro kg Körpergewicht können tödlich sein! Gift wird schnell aufgenommen durch die Schleimhäute oder kleine Hautverletzungen. Erste Symptome nach 20 bis 30 Minuten: Unruhe, Zittern, unkoordinierte Bewegungen, Puls verlangsamt sich, Krämpfe, erste Lähmungen, dann Atem- und Herzstillstand.

Seidelbast
verursacht Speicheln, Schleimhautreizungen, Magenkoliken, Blutdurchfall, Fieber, Atemnot, Schädigung des Nervensystems und Kreislaufkollaps

Stechpalme (Ilex aquifolium)
Beeren sind bei hoher Dosis (etwa 10 bis 20 Stück) tödlich. Der Genuss verursacht Übelkeit und Erbrechen, Durchfall, extreme Schläfrigkeit

Tulpen (ganze Pflanze)
verursacht Speicheln, Übelkeit, Erbrechen, Koliken

Wunderbaum (Ricinus, Samen)
1 bis 2 g Samen pro kg Körpergewicht sind tödlich. Erst 2 bis 3 Tage nach der Einnahme kommt es zu blutigem Durchfall, Koliken, Fieber, Bewegungsstörungen, Leberschädigung, Nierenversagen, Kreislauf- und Multiorganversagen. Wurden viele Samen gegessen, tritt der Tod nach 48 bis 72 Stunden ein.

Weihnachtsstern (Milchsaft)
Genuss verursacht Erbrechen, Krämpfe, Durchfall, Bewusstseinsstörungen, Tod

Yucca-Palme
Genuss verursacht Speicheln, Erbrechen, Durchfall, Temperaturabfall, Blutungen, Bewegungsstörungen, Koma. Sofortige Behandlung beim Tierarzt!

Chihuahua-typisches Verhalten

Jede Hunderasse hat ihre Eigenheiten und besonderen Verhaltensweisen. Wir zählen hier die dem Chihuahua zugeschriebenen und selbst festgestellten Besonderheiten auf.

Rückwärtsniesen („Schnorcheln“)

Besonders bei übermäßiger Freude, aber auch bei Aufregung tritt dieses Verhalten auf. Es ist an sich weder gefährlich noch eine Gesundheitsstörung, allenfalls nur nervig.

Das sogenannte Rückwärtsniesen (auch als Schnorcheln bezeichnet) ist ein gelegentlich bei Hunden, besonders aber dem Chihuahua, auftretendes Phänomen, bei dem bei gleichzeitig gestreckten Hals und abgespreizten Ellenbogen wie bei einem Anfall röchelnd und unter Geräuschbildung die Luft durch die Nase angesaugt wird. Das so entstehende Geräusch erinnert an das Hochziehen von Nasensekret beim Menschen oder an das sogenannte Koppen bei Pferden (es ist aber kein Mangel oder Verhaltensfehler wie bei diesen). Nach wenigen Sekunden ist das Tier wieder gesund und munter. Am besten beruhigen Sie es, damit es sich nicht verschlucken kann, falls es gerade bei der Nahrungsaufnahme ist.

Manche Tiere machen es öfters, andere dagegen nie.

Grundsätzlich neigen Chihuahuas zur Hysterie, daher sind Ruhe und Nervenstärke des Besitzers von jeher vorteilhaft!

Bellfreudigkeit

Das ist an sich ein Thema, worüber so mancher Chihuahuabesitzer berichten kann. Zum einen sind Chihuahuas gute Wachhunde, die durch Lautgeben anzeigen, wenn sich in ihrem Umfeld eine Veränderung ereignet. Dabei unterscheiden sich allerdings die Ansichten des Hundes von denen des Menschen öfters hinsichtlich der Gefährlichkeit des Eindringlings. Es kann sich hierbei nämlich genauso um ein Eichhörnchen, eine Amsel, den Nachbarn oder den Postboten handeln, wie um einen Einbrecher. Insofern muss der Besitzer also seinem Hund beibringen, was erwünscht ist, und was nicht. Kurzes Laut geben ist erlaubt, solange er auch schnell wieder damit aufhört. Minuten- oder auch stundenlanges unwirsches Kläffen dagegen eine Belästigung für alle, die es anhören müssen.

Ein besonders selbstbewusster Hund mag vermutlich den Klang seiner Stimme, hat einfach nur Spaß am Bellen. Manchmal findet er auch heraus, dass er durch das Bellen Aufmerksamkeit erhält. Mit Trennungsangst oder anderen Ängsten hat das allerdings nichts zu tun. Reagieren Sie auf Kläffen, um Ihre Zuwendung zu erhalten also gar nicht, am besten nicht einmal mit Schimpfen, denn so hat er nur sein Ziel erreicht. Am besten, Sie lenken ihn einfach ab. Hat er dann aufgehört, belohnt man ihn mit einem Leckerli, aber er muss es wirklich von sich aus beendet haben, sonst fördern Sie sein unerwünschtes Verhalten sogar noch!

Bellt er auch die Nachbarn an, kann man diesen auch einmal ein paar Leckerlis in die Hand geben, mit denen diesen sich die Parteien anfreunden können.

Beim Kennenlernen oder Begrüßen gibt er ihm dann jedes mal eines und wiederholt dies solange, bis der Hund gelernt hat, dass der Nachbar eben doch kein „Böser“ ist (siehe auch Begegnungen mit anderen Hunden).
Im Prinzip aber haben die meisten Chihuahuas auch einfach Spaß am Kläffen, fühlen sich vielleicht wichtig dabei?

Schauspielerei

Chihuahuas, die ihrer Meinung nach zu wenig Aufmerksamkeit erhalten, können zu erstklassigen Schauspielern mutieren.

Beispiele

Fühlt sich Dominikas erster Hund Pupsie vernachlässigt, kommt er penetrant ständig an und will schmusen. Kommt er dabei nicht zum Ziel, fängt er furchtbar an zu humpeln, als ob er eine Verletzung hätte – und bekommt natürlich prompt, was er will: Aufmerksamkeit (es könnte ja einmal auch wirklich etwas sein!). Allerdings verrät er sich auch immer selbst, denn in dem Moment, wenn er untersucht wird, geht es ihm wieder prima und er freut sich riesig und wie wild – Ziel erreicht!

Elisabeths Mäxchen dagegen sitzt, wird er nicht mitgenommen, („Nein, du bleibst jetzt daheim!“ versteht er ganz genau) mit riesigen, vorwurfsvollen Knopfaugen im hintersten Eck – aber in der Nähe der Haustüre versteht sich, und beobachtet das Geschehen. Man fühlt sich dann wie der schlechteste Mensch auf Erden. Überhaupt ist er grundsätzlich einfach nur „arm dran“ – wenn es eben um das Mitkommen geht, ums Baden, Krallen schneiden und Fellpflege, um die (natürlich viel zu geringe) Futterration usw.
Die anderen Hunde wollen natürlich auch mit, sind nicht beleidigt, sondern einfach nur etwas enttäuscht, wenn sie nicht mit können, aber akzeptieren das.

Eine unserer jüngsten Damen, Cassandra, wirft sich grundsätzlich auf den Rücken und schwänzelt dabei ganz viel. Eine Aufforderung – „Nimm mich mit ins Bett!“, „Ich will mitkommen“ oder ähnliches. Dabei schaut sie einen so lieb an, dass es furchtbar schwer fällt, ihr zu widerstehen (also eigentlich fast unmöglich). Gibt man ihr nach, kann man dadurch auch einmal ungerecht den anderen Hunden gegenüber sein – auch nicht fair. Und für sie heißt es wieder einmal: Ziel erreicht!

Unsere Ladys machen sich nicht gerne die Füßchen nass – ist es draußen regnerisch, so müssen sie grundsätzlich eigentlich gar nichts machen – äh, wo ist eigentlich der Badteppich abgeblieben?...

Übererregbarkeit

Eine unserer Tierärzte hat es einmal so ausgedrückt: „Hysterie, dein Name ist Chihuahua!“. Zugegebenerweise hatte sie nicht Unrecht. Chihuahuas neigen zu leichter bis schwerer Übererregbarkeit. Das bedeutet, der Besitzer sollte in der Lage sein, auf seinen Hund in kritischen Situationen beruhigend einzuwirken. Jegliche Form der Anstachelung (fein gemacht, weiter so, klatschen, bestätigen in seinem Tun) wird ihn nur weiter aufregen und in seinem Verhalten noch bestärken. Das gilt für lautes Kläffen beim Erklingen der Türglocke genauso wie beim Jagen von Katzen oder Schnappen nach unsympathischen Leuten oder Tierarztbesuche mit den obligatorischen Spritzen. Haben Sie Probleme damit, sollten Sie sich vor allem selbst beobachten (oder sich von jemandem aus Ihrem Umfeld dabei beobachten lassen) was Sie selbst tun, wenn beziehungsweise bevor das Problem auftritt, das die spezielle Reaktion Ihres Hundes auslöst. Stacheln Sie beispielsweise Ihren Hund an, wenn die Türglocke ertönt? Das muss nicht bewusst sein, oft genügt es, wenn man immer wiederholt „Ja wer kommt denn da? Kommt da jemand? Wer ist das denn?“ - oder so ähnlich. Sofort springt der Hund darauf an. Warum wir dann plötzlich wollen, dass er ruhig ist, versteht er dabei nicht mehr. Insofern muss also das Verhalten des Rudelführers vorbildlich sein, genau das spiegeln, was wir von unserem Hund erwarten.

Auch hier ist das Verhalten aber typabhängig: manche Chihuahuas reagieren ruhig, andere werden extrem laut und aufgeregt. Auch mit zunehmendem Alter kann sich die Verhaltensweise ändern von Reduktion bis Verschlimmerung.
Dabei sind kurzhaarige Chihuahuas eher etwas schneller aufgeregt als die (meist?) etwas ruhigeren Langhaar.

Chihuahuas und das Wasser

In manchen Büchern wird der Chihuahua als wasserfreundlich und gerne badender Hund beschrieben. Wir beide haben ehrlich gesagt noch keinen dieser Hunde kennen gelernt. Vielleicht haben wir halt nur untypische Chihuahuas?
Nach unserer Erfahrung wird weder besonders gerne gebadet – im Sinne der Körperpflege – noch in Badeseen oder Bachläufen oder ähnlichem. Natürlich kann der Chihuahua instinktiv schwimmen. Hält man ihn über das Wasser, fangen die kleinen Füßchen bereits vor der Berührung mit der Wasseroberfläche an, rhythmisch zu paddeln. Hineingetaucht versucht er aber, schnellstmöglich wieder dem ungeliebten Nass zu entkommen. Also eher ein „nichtschwimmender Schwimmer“ sozusagen. Ein Chihuahua möchte allerhöchstens die Füßchen nass bekommen, aber das ist schon das Höchste der Gefühle. Das kann übrigens auch zu Problemen führen, wenn es einmal regnet und das Gras, in dem er sich erleichtern soll, nass oder feucht ist, denn auch das liebt er ganz und gar nicht!
Das heißt nicht, dass es keinen Chihuahua geben mag, der gerne im Wasser herum tollt oder schwimmt, es heißt eben nur, dass wir bisher noch keinen getroffen haben… Vielleicht ist Ihrer ja die berühmte Ausnahme?

Geliebte Couch

Chihuahuas liegen das Kuscheln! Und das schließt jede weiche, warme Unterlage mit ein, auf die man sich legen kann. Einen Chihuahuapopo auf nacktem, kalten Boden sieht man höchstens bei der Fütterung. Am liebsten liegen sie natürlich auf dem Sofa, auch unter der Decke, falls eine dort liegt! Also immer aufpassen, bevor man sich irgendwohin setzt, denn unter dem Kissen oder der Decke, die dort liegt

(oder auch einem Kleidungsstück) könnte bereits jemand liegen – und es täte demjenigen nicht so gut, wenn man sich dann darauf plumpsen lässt…
Manche liegen übrigens grundsätzlich **auf** der Decke, während andere immer **darunter** schlafen.

Mehrere Chihuahuas
Schlafen selten miteinander in einer Höhle oder Körbchen, wenn sie erwachsen sind. In der Regel will jeder Hund seinen eigenen Rückzugsplatz haben (wobei schon mal miteinander getauscht wird). Aber um richtig zu schlafen, möchte der Chihuahua – wenn nicht bei „seinem" Menschen, dann zumindest für sich sein.

Fazit also:
jeder Chi ist anders, aber eines haben sie wirklich gemeinsam: sie wissen ganz genau, wie sie „ihren" Menschen einsetzen, wie sie bekommen, was sie haben wollen!

Dieser muntere Wurf ist ständig mit Balgen, Kuscheln und Schlafen beschäftigt

III.: Pflege

Wie pflegt man seinen Hund?

Chihuahuas sind grundsätzlich als sehr pflegeleicht zu bezeichnen. Sie neigen in der Regel absolut nicht dazu, im Wasser oder in Pfützen herumzutoben (siehe voriges Kapitel) und meiden Nässe oder sich schmutzig zu machen. Manche ziehen sogar immer eines der vier Beinchen an, damit wenigstens nur drei schmutzig werden, wenn es nass draußen ist. Da der Chihuahua in der Regel auch nicht gerne schwimmt, gilt das gleiche auch für das Baden. Ausstellungshunde werden sicher vor der nächsten Show ausgiebiger Fellpflege, die auch das Bad mit einbezieht, unterworfen. Doch in der Regel müssen unsere Hunde nur äußerst selten gebadet werden, (Welpen gar nicht, sonst könnten sie sich erkälten). Meist nur dann, wenn sie zum Beispiel Durchfall haben oder sich in etwas gewälzt haben, was Mensch nicht als angenehm ansieht, der Hund dagegen schon!

Fellpflege

Kurzhaar sind diesbezüglich natürlich klar von Vorteil, die Pflege ist sehr schnell fertig und nur selten überhaupt notwendig. Aber auch Langhaar ist nicht schwierig bei Chihuahuas, denn das Fell neigt, bis auf den Stellen an den Ohren und an der Rute, nicht zu Verfilzungen. Chihuahuas genießen aber grundsätzlich jede Aufmerksamkeit und begrüßen jeden Anlass, der sie in Szene setzt. Eine zärtlich durchgeführte Fellpflege ist da gerne willkommen.

Bäh, Madame Lady ist nicht begeistert!

Baden

Ist er nun doch einmal schmutzig geworden, so ist eine kurze Reinigung schnell erledigt: einfach ins Waschbecken halten und die Beinchen, bei Bedarf auch das Bäuchlein mit etwas Wasser und je nach „Verschmutzungsgrad“ auch etwas Hundeshampoo abwaschen. Bei Schmutz durch einen normalen Spaziergang (ohne Wälzaktionen) bei Regen oder Schneewetter reicht klares Wasser vollkommen. Verwenden Sie handwarmes Wasser. Achten Sie darauf, dass kein Wasser, vor allem aber kein Shampoo in Augen, Ohren und Nase kommen kann. Baden Sie ihn bitte nur, wenn es notwendig ist. Mit einem Handtuch gut trocken rubbeln, danach gut ausbürsten, denn

jede Haarwäsche fördert den Fellwechsel. Wundern Sie sich übrigens nicht, wenn Ihr Hund nachher wie wild durch die Wohnung flitzt und sich am Teppich reibt oder in eine Decke hineinwühlt, das ist normal! Lassen Sie den Hund erst wieder ins Freie, wenn das Fell ganz trocken ist, vorher sollte er sich lieber an einem warmen und zugfreien Platz aufhalten.
Ansonsten ist es, wenn Sie nicht auf Ausstellungen gehen, nicht nötig, den Hund zu baden. Einmal jährlich genügt vollauf, nur zwischendurch eben bei Bedarf eine kleine „Katzenwäsche". Zu häufiges Baden und Waschen trocknet die Haut aus, beeinträchtigt den Säureschutzmantel und ist ungesund. Man sollte ein spezielles Hundeshampoo, das ph-neutral und rückfettend ist, verwenden.

Bürsten

Das Fell wird so von Staub, losem Schmutz und abgestorbenen Haaren befreit. Leichte Verfilzungen vorsichtig mit den Fingern auseinanderziehen. Sind einmal stark verfilzte Stellen dabei, mit einer Schere – vorsichtig – herausschneiden. Gewöhnen Sie den Hund frühzeitig an das Bürsten, so findet er seine Schönheitspflege als Entspannung. Sind Sie zu grob, so werden Sie schnell feststellen, dass Ihr Kleiner sehr laut und durchdringend schreien kann! Verwenden Sie eine Bürste oder einen Kamm, mit dem Sie gut durch das Fell kommen und die ihn nicht „ziept". Sonst könnten auch kleinere Hautverletzungen verursacht werden. Wichtig ist besonders die Fellpflege während des Fellwechsels, der zum zweimal jährlich zum Frühjahrsanfang und beginnenden Winter stattfindet. Dann dankt Ihnen auch Ihre Inneneinrichtung eine intensivere Fellpflege...

Augen

Säubern Sie die Augenwinkel vorsichtig mit einem nicht fusselnden (reizt sonst die Schleimhäute!) Papiertuch oder einem Stückchen Mullbinde. Chihuahua-Augen tränen gerne etwas, vor allem im Frühjahr und Herbst. Streichen Sie dann mit etwas Babyöl auf einem Papiertuch vorsichtig über die tränende Stelle, aber nicht in das Auge selbst!
Bei sehr hellem Fell verfärbt die Tränenflüssigkeit gerne die Stellen um das Auge herum. Das kann man dadurch abstellen, dass man diese Stellen ganz leicht fettet mit etwas Vaseline (ohne Duftstoffe!), aber nur, wenn keine Bindehautreizung oder -entzündung vorliegt (siehe auch unter Gesundheitsstörung!). Man kann auch spezielle Augenpflegetücher kaufen, was aber unserer Meinung nach nicht notwendig ist.

Ohren

Eine regelmäßige Ohrenkontrolle etwa wöchentlich ist Pflichtübung. Da der Chihuahua keine Hängeohren hat, die, wie bei anderen Rassen, den Schmutz und leider auch Ungeziefer vom Boden damit aufwischen, hat er wenig Probleme mit seinen Ohren. Das bedeutet trotzdem, dass sie kontrolliert werden müssen. Der Gehörgang sollte stets sauber sein. Benutzen Sie dazu die eingedrehte Spitze eines Taschentuches, kein Ohrstäbchen, das könnte zu Verletzungen führen. Dieses befeuchten Sie mit etwas Wasser, besser mit einem speziellen (meist alkoholischen) Ohrreiniger aus dem Fachhandel und säubern die Ohrmuschel vorsichtig. Befinden sich dunkle, übelriechende Beläge im Ohr, kratzt er sich oft dort (oder auch scheinbar am Halsband) oder schüttelt dauernd den Kopf, so könnte eine Entzündung vorliegen. Bringt eine mehrmalige gründliche Reinigung keine Besserung, sollte der Tierarzt ihn untersuchen.

Zähne

Der sich leider gerne bildende Zahnstein kann zu Zahnfleischschwund führen und zum Ausfall der Zähne, daher sollte man von vorneherein die Zähne gut kontrollieren. Im zunehmenden Alter ist dies besonders wichtig, allerdings ist die Veranlagung dazu genetisch bedingt bei manchen Hunden schon sehr früh, bei anderen wiederum erst spät zu bemerken. Die Zähne verfärben sich an bestimmten Stellen und der Hund kann auch sehr intensiv – und nicht unbedingt sehr lecker – aus dem Maul riechen. Leichterer Zahnstein kann mit dem Fingernagel weggekratzt werden, besser man verwendet aber eine Zahnbürste (es gibt auch spezielle Hundezahnpasta) dafür. Allerdings verhindert auch das Zähneputzen die Neubildung nicht. Kauknochen können dies teilweise verhindern oder verringern. In dringenden Fällen kann der Tierarzt (meist unter Narkose) ihn entfernen. Oft müssen auch lose Zähne gezogen werden. Das ist für den Hund sowohl belastend als auch teuer. Da sich auch am Zahnrand oft Entzündungen bilden, die durchaus einen sehr negativen Einfluss auf die Gesundheit Ihres Hundes haben können, sollte dieses Problem nicht leicht genommen werden! Unbehandelt können Eiterherde den Körper vergiften und sogar Entzündungen der Herzklappen hervorrufen.

Das Zahnen: spätestens im 9.Monat sollen alle Milchzähne draußen sein, wenn nicht, muss sie der Tierarzt unter Narkose in einem ärztlichen Eingriff entfernen. Man kann selbst versuchen, „nachzuhelfen“, sollte ein Milchzahn (aber sicher nur dieser!) bereits wackeln, unter Zuhilfenahme eines Handtuches.

Krallen

Gerade beim Welpen wachsen die Krallen schneller, als von beiden Beteiligten gewünscht. Hier gilt die folgende Richtlinie: berühren die Krallen bei einem stehenden Hund den Boden, so sind sie zu lang und müssen gekürzt werden. Das kann man entweder selbst machen, oder der Tierarzt erledigt es. Er zeigt aber meist auch gerne, wie es gemacht wird. Es gibt eine spezielle Krallenschere, mit der geht es leichter. Da man dem Hund, wenn zu viel weggeschnitten wird, (man schneidet dann ins „Leben“) auch weh tun kann und er zu bluten beginnt, sollte man sich schon zuerst dabei helfen lassen. Bei normalem Auslauf im Freien werden die Krallen des ausgewachsenen Tieres aber ausreichend abgelaufen. Die sogenannte „Wolfskralle“, ein Überbleibsel der fünften Zehe, die im Laufe der Evolution verkümmert ist, kann bei einer Verletzung stark bluten. Da sie

nicht abgelaufen wird, muss auch diese geschnitten werden.
Üben Sie mit dem Welpen gleich von Anfang an, Krallen zu schneiden. Sie müssen dabei gar nichts wegschneiden, wenn es nicht nötig ist, aber tun Sie einfach nur als ob (inklusive dem klickenden Geräusch, wie es beim Schneiden entsteht). So lernt er, dass er keine Angst zu haben braucht.

Pfoten

In den Zehenzwischenräumen kann das Fell auch verkleben, vor allem bei Spaziergängen im Wald setzt sich gerne Baumharz fest, das der Hund kaum wieder selbst heraus bekommt. Auch andere Sachen bleiben dort haften, die nicht hineingehören. Dann schneidet man die Haare vorsichtig mit einer kleinen Schere (Nagelschere zum Beispiel) heraus. Achtung, manche Hunde sind kitzelig! Vor allem im Winter müssen die Pfoten nach einem Spaziergang mit Wasser gesäubert werden, denn das ausgestreute Salz brennt und kann Schmerzen verursachen. Zumindest trocknet es die Pfoten stark aus. Es gibt zum Schutz auch Pfotensalbe oder -sprays, die vor dem Spaziergang aufgetragen werden, aber nicht lange halten. Es tut auch einmal Vaseline, wobei der Hund vom Abschlecken der Pfoten gehindert werden sollte. Gegen leicht entzündete Stellen hilft Sheabutter (nicht raffiniert). Die im Fachhandel ebenso erhältlichen Pfotenschuhe sind in unseren Breitengraden nicht notwendig, im Norden aber sicher gut und auch sinnvoll.

Analbeutel

Diese befinden sich neben dem After und dienen dazu, beim Kotabsatz eine individuelle Duftmarkierung zu hinterlassen (und der Erbauung des Tierarztes). Dies funktioniert häufig jedoch beim domestizierten Haustier nicht mehr richtig und Stauungen des Sekrets sind die Folgeerscheinung. Bei Fütterung von Trockenfutter passiert dies seltener als bei Feuchtfutter als Hauptnahrung übrigens. Beginnt der Hund oft mit dem sogenannten „Schlittenfahren", er rutscht dabei mit dem Hinterteil vor allem auf Teppichen herum, sind seine Analbeutel voll und müssen geleert werden. Sie können sich auch entzünden, darum ist dies sehr wichtig!

*Flocke wünscht jetzt **keine** Krallenpflege!*

Dies macht der (immer darüber erfreute) Tierarzt, man kann es sich aber auch beibringen lassen. Allerdings sei darauf hingewiesen, dass der Geruch dieses alten Sekrets nicht gerade unserem Sinn für gute Düfte entspricht...

Hund und Urlaub

Vor der Urlaubsplanung müssen Sie nun daran denken, dass Sie ein neues Familienmitglied haben. Natürlich will dieses auch in den Urlaub mitgenommen werden.

Der Hund soll mitfahren:
In den meisten Fällen geht das auch einigermaßen problemlos bei Chihuahuas, denn sogar wenn Sie eine Flugreise planen, können Sie ihn – und das kostenfrei in der Regel –im Flugzeug mitnehmen. Bis 4 - 5 kg Gewicht (je nach Fluggesellschaft) darf ein Hund (oder eine Katze) als Handgepäck in einer Transportbox mitgenommen werden. Er muss dann aber in dieser bleiben, bis Sie am Ziel angekommen sind. Bei einer sehr langen Flugzeit sollte dies also gründlich überlegt werden. In den meisten Urlaubsorten an sich sind Hunde erlaubt, das gilt aber nicht für alle Hotels und alle Strände zum Beispiel. Sie müssen sich vorher erkundigen, je nach dem geplanten Urlaubsziel.
Wichtig sind bei Auslandsreisen vor allem anderen die Einreisebestimmungen. Diese sind je nach Land verschieden und regeln vor allem die Impfungen, die das einreisende Tier haben muss. Erfüllt es diese Voraussetzungen nicht, darf es nicht in das Land hinein. Entweder es verbringt die Zeit, bis Sie wieder da sind dann in Quarantäne (wenn Sie das nur in Erwägung ziehen würden, würden wir ***Ihnen nie*** einen Hund verkaufen, echt!). Oder Sie stornieren das Ganze und fahren zurück. Beides nicht schön, unbefriedigend – und teuer ohnehin. Also, bei Ihrem Tierarzt findet sich meist eine Broschüre, in der Sie die jeweiligen Informationen finden und dieser impft dann auch entsprechend. Aber, denken Sie daran, dies rechtzeitig zu erledigen, manche Impfungen dürfen nicht zu alt sein (z. B. darf die Tollwutimpfung meist nicht länger als ein paar Wochen zurückliegen), manche aber auch nicht zu kurzfristig.
Nächste Frage: ist der Urlaubsort bezüglich Klima und Hygiene überhaupt für mein Tier geeignet? Ist es zu heiß, leidet es genauso wie unter großer Kälte und Nässe. In anderen Ländern herrschen auch oft andere Bakterien-, Viren- und Pilzstämme, gegen die unsere Hunde oft keine Abwehr haben, weil sie diese ja gar nicht kennen.
Und natürlich: ist der Aufenthaltsort dort (also Hotel, Ferienwohnung, Wohnmobil) auch geeignet für ein Tier beziehungsweise wird es dort geduldet. Die meisten Hotels erlauben zwar Hunde, verlangen aber einen oft satten Tagespreis dafür („da die Endreinigung so aufwändig sei“). Leider wird in der Regel nicht zwischen kleinem und großen Hund differenziert. Das kann also insgesamt eine teure Angelegenheit werden. Übrigens gibt es auch Hundehotels mit Wellnessangeboten (manchmal für Hund und Herrchen sogar).

Der Hund soll nicht mitkommen:
Gut, also Ihr Freund soll zuhause bleiben. Kann durchaus weniger Stress für ihn bedeuten, vor allem, wenn Sie eine Reise in den Süden planen. Dann müssen Sie eben dafür sorgen, dass es

ihm an nichts mangelt und er Sie auch nicht zu sehr vermisst (gar nicht vermissen geht in der Regel nicht, Sie sind schließlich sein Ein und Alles!). Dies ist meist dann der Fall, wenn er entweder in der gewohnten Umgebung bleiben kann (weil er von einem Familienmitglied oder Freund versorgt wird, der in der Zeit bei Ihnen zuhause wohnt). Oder diese Person, die er bereits sehr gut kennt und die auch ihn gut kennt, betreut ihn bei sich daheim. Zusätzlich existiert die Möglichkeit, ihn in einer Hundepension oder in einem Tierheim unterzubringen. Da die meisten Chihuahuas aber extrem an ihrer Familie hängen (und erfahrungsgemäß oft mehr verzärtelt werden, als es eigentlich gut und üblich für ein Haustier ist), leidet er dort wirklich extrem. Auch bei noch so guter Führung (und wer weiß das schon so genau) kann sich dort niemand auch nur annährend so intensiv um ihn kümmern wie er es von Zuhause gewöhnt ist, dazu fehlt einfach die Zeit. Ist er auch noch daran gewöhnt, im Bett zu schlafen, gibt das noch einmal ein zusätzliches Problem. Dazu kommt, dass durch das Zusammentreffen von vielen Tieren natürlich auch die Gefahr der Übertragung von Krankheiten steigt.

Es gibt auch Privatpersonen, die gegen Entgelt eine Urlaubsbetreuung anbieten. Eine empfohlene Adresse kann durchaus eine Alternative sein, man sollte sich aber über Personen, die man nicht kennt (Inserate oder Internet) schon gut informieren und überprüfen. Schauen Sie sich auf jeden Fall vorher die Unterkunft an und besorgen Sie sich jemanden, der während Ihres Aufenthaltes dort vorbeischaut. Erkundigen Sie sich auch, ob der Hund dort länger bleiben kann, falls bei Ihnen etwas dazwischenkommt (kann man nie wissen).

Hund und Arbeit

Manche Arbeitgeber erlauben das Mitnehmen eines Hundes an den Arbeitsplatz, meist im Büro oder Verkauf. In den meisten Fällen geht dies aber nicht, also unbedingt vor der Anschaffung abklären! Ein Hund sollte nicht zu lange allein gelassen werden, für einen ausgewachsenen Hund sehen wir 4 bis 5 Stunden als Maximum an, für einen jungen Hund wesentlich weniger (er muss schließlich zwischendurch öfter noch raus). Ein Welpe dagegen sollte in den ersten Wochen noch nicht alleine bleiben (außer zum Training natürlich). Sorgen Sie für einen „Hundesitter" (Nachbarn, Freunde, Familie), der ihn beaufsichtigt, wenn Sie doch länger wegmüssen. Das hilft ihm, sich daran zu gewöhnen, dass „seine" Familie zwar auch einmal nicht da ist, aber immer wieder zurückkommt, und stärkt dadurch das Vertrauensverhältnis. Hat er sich bereits etwas eingewöhnt, fangen Sie an, ihn zu trainieren, eine kurze Zeit alleine zu bleiben. Am besten beginnen Sie damit nach einem schönen Spaziergang oder einer Mahlzeit, wenn er also satt und müde ist. Sie lassen ihn dann an seinem Rückzugsplatz (Körbchen oder Höhle), die Sie bereits vorher mit einem getragenen Kleidungsstück seiner Hauptbezugsperson ausgestattet haben. Nun verlassen Sie ihn, verabschieden sich gar nicht von ihm. Achten Sie darauf, sich nicht durch Gesten oder Blicke zu verraten! Ihr Hund achtet ganz genau auf die Sprache Ihres Körpers, auch wenn er noch klein ist. Nun also verlassen Sie den Raum und die Wohnung – natürlich nur kurz, für wenige Minuten. Sollte sich der Kleine durch Jaulen oder Wimmern bemerkbar machen, weisen Sie ihn von draußen mit einem kurzen, strengen „Nein!", oder „Aus!" oder „Pfui!" zurecht. Den Raum betreten Sie nur dann, wenn kein Laut daraus zu hören ist. Dann aber loben Sie ihn überschwänglich. Die zuerst kurzen Phasen, in denen Sie den Raum verlassen, dehnen Sie mit der Zeit immer länger aus. Haben Sie Bedenken, kann man auch mit Hilfe eines Babyphones den Raum überwachen (zum Beispiel dann während der Zeit zum Nachbarn gehen). Regelmäßiges Training macht ihm klar, dass es normal ist, dass Sie weggehen und wieder zurückkommen. Achten Sie darauf, dass immer frisches Wasser da ist, wenn Sie weggehen – und eventuell auch ein Stück Zeitungspapier, wenn er noch nicht ganz sauber sein sollte.

Ansonsten, nehmen Sie ihn soviel wie möglich mit! Ihr Hund will eigentlich sowieso nur Sie um sich herum haben und wird sich immer freuen, wenn er mitkommen darf. Beim Erledigen von Einkäufen müssen Sie allerdings darauf achten, dass nicht in jedes Geschäft Hunde hinein dürfen! Den Hund dann im Auto warten zu lassen, ist (egal, ob Sommer oder Winter) zu gefährlich, deshalb sollte man in solchem Fall darauf verzichten.

Geschützt vor der heißen Sonne geht es Balou gut – dabei sein ist alles!

Verhalten

Lassen Sie sich nicht täuschen: Chihuahuas sind ebenso sehr Hund, wie andere, größere Hunde auch. Sie verhalten sich also grundsätzlich nicht anders. Da sie aber leider zur Selbstüberschätzung (zumindest hinsichtlich ihrer Körpergröße) neigen, ist Vorsicht geboten. Der Eigentümer muss also besonders gut auf ich aufpassen, ihn vor Gefahren beschützen, ohne ihn zu verzärteln. Das ist nicht immer einfach!

Begegnungen
- mit anderen Hunden

Bellt der Hund, wenn er andere Hund trifft und fürchtet sich, so muss auch diese Verhaltensweise geändert werden. Entweder durch den Besuch einer Hundeschule (s. auch Hundeschule), oder man trainiert dies eigenständig. Dabei geht man beim Spaziergang immer zügig an anderen Hunden vorbei, zögert nicht, verhält sich energisch und selbstsicher! In dem Moment, wenn man direkt an dem anderen Tier vorbeigeht versucht man, seinen Hund abzulenken, seine volle Aufmerksamkeit zu erhalten. Bleibt er dabei ruhig, bekommt er (aber nur dann!) ein Leckerli und wird feste gelobt. Regt er sich auf und bellt, reagiert man gar nicht, wiederholt es aber immer wieder, bis er ruhig bleibt. Meist ist einfach das Problem, dass der Hund zuwenig Sozialkontakte hat, die Ursache. Gerade kleine Hunde mit wenig Selbstbewusstsein haben oft Angst vor anderen, vor allem größeren, Hunden. Darum reagieren sie oft mit vorgetäuschter Aggression. Da hilft eigentlich nur Training. Gut ist es auch, sich mit anderen Hundebesitzern zum Spaziergang zu verabreden. Irgendwann beruhigt sich der kleine Kläffer schon, wenn er merkt, dass ihm nichts geschieht und er keine Angst haben muss. Belohnen Sie ihn dann mit einer Leckerei und loben ihn besonders! Wiederholen Sie diese Übungen sooft wie möglich. Manchmal kann man auch auf eine Route gehen, auf der man sehr viele andere Hunde trifft, oder sogar auf eine Hundeausstellung. Irgendwann gibt der Hund auf, weil er merkt, dass alles in Ordnung ist. Dabei es ist natürlich absolut notwendig, dass der Hundebesitzer selbst ruhig und entschlossen bleibt. Unsicherheit würde sein Hund sofort merken und dementsprechend reagieren! Besonders ein Welpe sollte nicht auf den Arm genommen werden, wenn Sie einem anderen Hund begegnen. Durch die „Erhöhung“ hat er das Gefühl, ranghöher zu sein und sich alles leisten zu können. Am besten begegnen sich eigentlich Hunde ohne Leine, denn diese wirkt aggressionsfördernd.

Hunde sollten sich nach Möglichkeit auf neutralem Boden kennen lernen, da auf dem eigenen Territorium das „Hausrecht“ besteht. Besonders aufdringliche Welpen können von erwachsenen Tieren manchmal anscheinend sehr rau in ihre Schranken gewiesen werden. Bleiben Sie ruhig, beobachten das Kennenlern-Ritual und greifen nicht ein, (außer es wird wirklich ernst!), nur so lernt ein Welpe die richtige Umgangsform unter Hunden.

- mit anderen Tieren

Viele Welpen lernen bereits bei ihrem Züchter andere Tiere kennen, haben mit diesen schon zusammen gelebt. Dann reagieren sie nicht mehr stark auf sie, zumindest nicht mehr ängstlich (normalerweise). Sollten Sie sich einen Welpen ausgesucht haben, der einen starken Jagdtrieb hat, so fördern Sie ihn nicht! Es ist nicht lustig, wenn ein Hund eine Katze jagt. Er kann zwar sicher seinen Spaß haben, aber es gibt durchaus Katzen, die sich ihrer Haut wehren und recht böse reagieren können. Da ist schnell einmal ein Auge verletzt oder auch mehr! Die meisten Katzen laufen zwar nur weg, wenn der Hund (egal wie groß er ist) hinter ihnen herjagt, aber man kann nie wissen...

Haben Sie selbst eine Katze, so möchten Sie dies sicher auch verhindern. Unterbinden Sie konsequent, vor allem im Freien, jeden Hetztrieb, den der freche Kleine entwickelt.

Sorgen Sie dafür, dass der erste Kontakt zwischen den Tieren nur unter Ihrer Aufsicht stattfindet! Verteilen Sie Ihre Aufmerksamkeit möglichst gerecht auf beide, um Eifersüchteleien von vorne herein zu unterbinden.

Lassen Sie den Welpen seinen Hetztrieb und Übermut anhand von Spielen wie Ballspielen oder Stöckchenwerfen austoben, dann hat er nicht zuviel Energie mehr übrig, die er im Haus dann loswerden muss.

Wo hört Hund auf und fängt Katze an?

Gesundheit

Voraussetzung für den Erhalt der Gesundheit Ihres Hundes sind gute und artgerechte Haltung, eine ausgewogene Ernährung, regelmäßige Bewegung, tägliche Pflege, viel Liebe und Streicheleinheiten. Für Ihren Hund ist das seelische Wohl genauso wichtig wie das körperliche Wohlbefinden. Ein gesunder Hund verhält sich aufmerksam und nimmt regen Anteil an seiner Umwelt. Er ist kräftig, aktiv und (auch der Chihuahua) ausdauernd. Seine normale Körpertemperatur liegt bei etwa 38 bis 38,5 °C, also etwas höher als die menschliche. Gesundheit bedeutet sowohl keine Krankheit zu haben als auch widerstandsfähig gegen Bakterien, Viren und Pilze, denen alle ständig ausgesetzt sind.

Augenprobleme

Bei Spiel und Spaß wie auch bei Auseinandersetzungen mit anderen Tieren kommt es immer wieder zu Verletzungen, manchmal mit schlimmen Folgen. Oberflächliche Verletzungen lassen sich dabei oft mit der regelmäßigen Behandlung mittels Augensalben oder Tropfen versorgen. Es kommt aber auch vor, dass sich Entzündungen bilden (manchmal trotz konsequenter Pflege), im Extremfall läuft die Flüssigkeit aus dem Auge aus und es muss entfernt werden. Manche Erkrankungen führen zu schlechtem Augenlicht und Seheinschränkungen, manche dagegen gar zur Erblindung. Sobald man erkennt, dass es Probleme mit dem Auge (oder den Augen) gibt wie Verletzungen, starkes Tränen, vermehrtes Kratzen oder Entzündungen im Augenbereich, Zusammenkneifen der Augen, trübe Iris oder Linse, Lichtempfindlichkeit, Zusammenkneifen der Augen oder Schielen, muss der Arzt aufgesucht werden! Die Untersuchung gehört unbedingt in Fachhände! Eine Selbstbehandlung kann nur unter tierärztlicher bzw. tierheilpraktischer Abklärung erfolgen. Gelegentlich muss auch operiert werden. Reagiert der Hund mit Lichtempfindlichkeit, sollte er in einem abgedunkelten Raum gehalten werden, bis sich diese bessert. Oft muss er eine Halskrause tragen, damit er sich nicht am Auge kratzen kann. Behandlungen sind auch in Form von Augenspülungen möglich. Ist das Tier recht schlapp, sollte ihm eine leicht verdauliche, weiche Schonkost angeboten werden, damit es sich nicht zu sehr anstrengen muss.

Beispiele dafür sind:

- Hornhautverletzung
- Irisentzündung
- Progressive Retinaatropie (PRA, Schwund des Augenhinter-grundes)
- Glaukom (Grüner Star)
- Grauer Star
- Schielen
- Verletzungen des Lides/ Lidrandtumor
- Hornhautentzündung (Keratitis)
- Nickhautvorfall, Nickhautentzündung
- Bindehautentzündung (s.u.)

Blähungen
Häufig führt die Fütterung von zuviel Fleisch zu Blähungen. Verschiedene Gemüsearten wie Kohl oder Bohnen führen auch zu Blähungen, daher sollte man diese nicht geben. Hat der Hund gleichzeitig auch noch hellen Durchfall, besteht der Verdacht auf Bauchspeicheldrüsen – oder Lebererkrankung, dringend untersuchen lassen (mit Blutprobe) beim Tierarzt.

Bindehautentzündung (Konjunktivitis)
Kann durch Zugluft, starke Sonne, Wind, Staub oder einen Fremdkörper verursacht werden, aber auch eine leichte allergische Reaktion sein. Es gibt verschiedene Formen, die leichteste davon ist der Bindehautkatarrh. Es können hier bei einer leichten Erkrankung entweder täglich Augentropfen oder eine Augen- und Nasensalbe aus der Apotheke in den heruntergezogenen Bindehautsack getropft beziehungsweise gerieben werden. Liegt eine stärkere Infektion vor oder bessert sie sich nicht innerhalb von ein paar Tagen, lassen Sie bitte Ihren Tierarzt nachsehen. Das Auge tränt dabei stark, später kommt es zu verdicktem, eitrigen oder schleimigen Augenausfluss. Der Bindehautsack ist gerötet und angeschwollen, der Hund versucht oftmals, mit der Pfote das Auge zu reiben.

Blutohr (Othämatom)
Durch eine Verletzung der Blutgefäße (die äußere Haut wird dabei nicht verletzt, man sieht es also von außen nicht) läuft Blut unter die Haut, wobei sich eine Blutblase bildet. Diese verursacht Juckreiz, der unbedingt behandelt werden muss, damit sich der Hund nicht weiter kratzt! Das Blutohr entsteht durch Raufereien, aber auch also Folge von häufigem Kratzen und Schütteln der Ohren, ist also verhaltensbedingt. Spürt der Hund dann eine schmerzhafte Schwellung am Ohr, wird er vorsichtiger beim Kratzen und bewegt sich nur noch im Zeitlupentempo. Kühlende Umschläge wirken beruhigend und abschwellend und ein Ohrverband soll vor weiteren Verletzungen schützen. Bessert sich der Zustand nicht, wird der Tierarzt in einem operativen Eingriff das Hämatom öffnen und es entsprechend nachbehandeln und kontrollieren. Dabei ist streng auf das Verhalten des Tieres zu achten, sonst entsteht ein dauernder Erkrankungskreislauf (Blutohr, Behandlung, Blutohr)!

Durchfall
Ursachen können zu kaltes, verdorbenes Futter aber auch Stress sein. Hat der Hund kein Fieber, so sollte man ihn einen Tag lang fasten lassen. Zu Trinken bieten Sie ihm verdünnten Tee mit etwas Salz, aber keinen Zucker. Wichtig ist die Flüssigkeitszufuhr, daher achten Sie darauf, dass der gut trinkt, damit der Körper nicht austrocknet. Hat er anscheinend auch Bauchschmerzen, so können ihm zusätzlich noch zwei bis drei medizinische Kohletabletten verabreicht werden. Am nächsten Tag bekommt er Diätfutter, zum Beispiel etwas Reis (ohne Fett), Schmelzflocken (keine Milch) und geriebenen, rohen Apfel. Am dritten Tag spätestens muss der Kot dann wieder mindestens eine dicke, breiige Konsistenz oder normal sein.

Haben Sie das Gefühl, es geht ihm nicht gut, oder verschlechtert sich, so müssen Sie schon vorher zum Tierarzt. Desgleichen, wenn Blut im Stuhl ist (Wurmbefall, Magen-Darm-Infektion, Vergiftung?). Bitte denken Sie daran, dass an einem Chihuahua - Körperchen wirklich wenig daran ist, und schon 100g, die er abnimmt, einen guten Teil seines Gesamtkörpergewichtes ausmachen!

Erbrechen

An sich ist keine Krankheit. Oft wurde es nur durch zu hastiges Fressen, Aufregung, kaltes Futter oder auch Grasfressen ausgelöst. Geschieht das nur einmalig oder auch gelegentlich, ist es völlig normal. Erbricht der Hund aber ständig, begleitet von gelbem Schleim, Fieber, Untertemperatur oder hartem Bauch mit Koliken, magert er ab und hat augenscheinlich keinen guten Ernährungszustand trotz gutem Fressens, so sollte eine tierärztliche Untersuchung erfolgen. Ursache für Erbrechen kann übrigens auch eine Magendrehung sein.

Fieber und Untertemperatur

Mit Fieber reagiert der Körper zur Abwehr auf Bakterien, Viren und allgemein Infektionen. Die Temperatur des Hundes darf nicht über 39°C liegen aber auch nicht unter 37,5°C. Dies würde eine Reaktion des Stoffwechsels bedeuten, die häufig vor dem Tod erfolgt, zum Beispiel bei Vergiftungen!
Die Temperatur wird mit einem Fieberthermometer im After gemessen. Die Nase kann übrigens auch bei einem kranken Hund feucht und kühl sein, dies ist leider kein wirklicher Anhaltspunkt, dass der Hund gesund ist.

Hautkrankheiten

Starker Geruch des Fells, stumpfes Haar, ständiger Haarausfall, der nichts mit dem jährlichen Fellwechsel zu tun hat, Juckreiz, Schuppen oder Rötungen, trockene oder nässende Ekzeme, Nesselausschlag deuten auf innere Erkrankungen oder Allergien hin und müssen beim Tierarzt untersucht werden, damit die richtige Behandlung gefunden werden kann.

Hoden

Bleiben ein oder sogar beide Hoden im Bauchraum stecken, muss ein operativer Eingriff erfolgen! Die meisten Tierärzte empfehlen, diese bis zum Alter von etwa 12 Monaten vorzunehmen.

Husten

Chihuahuas sind wohl „Sonnenhunde" aus tropischem Gefilde, sie lieben Sonnenschein, Trockenheit und Wärme. Das bedeutet aber auch dass sie schnell einmal einen leichten (und meist auch wieder gleich verschwindenden) Husten bekommen können, da sie Nässe und Kälte nicht gut vertragen. Geben Sie einfach einen halben Teelöffel (nicht mehr) guten Honig, oder speziellen Fenchelhonig (Apotheke, Drogerie) zweimal täglich zu Schlecken. Er wird meist gerne genommen und hilft auch prompt. Bei einer Erkältung mit Husten und Niesen, Schlappheit, oder mit Schleim oder Schaum und Nasenausfluss, Fieber und Atemnot, sollten Sie den Hund untersuchen lassen. Auch hastiges Trinken kann Husten auslösen.

Mandelentzündung (Tonsillitis)
Betrifft vor allem jüngere Tiere bis etwa 3 Jahre. Die ersten Symptome sind eher unauffällig, das Tier gähnt auffällig oft, schluckt viel (teilweise schmatzend), und hat oft vermehrtem Speichelfluss. Es kann auch vermehrter Mundgeruch festgestellt werden. Später kommt es dann zu leichten, später stärkeren Husten- oder Würganfällen, als würde dem Tier etwas im Hals stecken, das es loswerden will. Der Hund ist matt, bekommt vielleicht auch Fieber und verweigert die Nahrung. Abklärung durch den Tierarzt ist spätestens jetzt unbedingt notwendig! Es kann eine virale oder bakterielle Infektion des Hals-Rachenraumes vorliegen, die behandelt werden muss (Auspinseln, Einnahme von Antibiotika, und schleimlösenden Mitteln gegen Reizhusten). Die Symptome können auch für andere, schwere Krankheiten (wie Staupe oder Zwingerhusten) oder einen festsitzenden Fremdkörper stehen. Geschwollene Mandeln kann man oft auch durch Abtasten alleine feststellen: man fährt mit Zeigefinger und Daumen die Gegend unterhalb der Ohren am Hals entlang. Sind die Mandeln verdickt, kann man dies wie einen Fremdkörper ertasten. Bei einer akuten Mandelentzündung sind die Mandeln übrigens hochrot und glänzend. Übertragen werden kann eine Tonsillitis sowohl von Hund auf Hund als auch von Mensch auf Hund.

Mundgeruch
Wird oft durch Zahnstein, kaputte Zähne oder Zahnfleischschwund (Parodontose, Karies) verursacht (siehe Kapitel „Zähne" sowie weiter unten bei „Zahnstein"), aber auch durch Entzündungen im Mund- und Rachenbereich. Auch eine sehr übel riechende Mahlzeit (die er irgendwo gefunden hat, und die sooo lecker war...) kommt als Ursache in Frage. Erbricht sich der Hund jedoch auch gleichzeitig, liegt wahrscheinlich eine Gastritis oder eine Vergiftung vor: dringend zum Tierarzt. Grundsätzlich kommt auch eine Magenkrankheit oder Verdauungsprobleme in Frage, die ebenfalls der Tierarzt untersuchen muss.

Nasenkatarrh (Rhinitis)
Entsteht meist durch Erkältung bei nasskaltem Wetter oder Zugluft, aber auch durch das Einatmen ätzender Säuren. Als Begleiterscheinung einer Infektion (bakteriell er oder viraler Art) tritt sie oftmals zu Beginn der Erkrankung auf. Sie äußert sich wie beim Menschen auch durch häufiges Niesen (anfänglich), wobei bald wässriges, später eitriges Sekret aus der Nase austritt, behinderte Atmung (weil es sich in der Nase staut) oder schwere Atmung durch Verstopfung der Nasenlöcher. Die Erkrankung kann sowohl akut als auch chronisch auftreten. Der Hund atmet schwer, oft einseitig, die Schleimhäute entzünden sich und der Hund kann schlecht schlucken. Die Erkrankung kann sich auf die Nebenhöhlen ausbreiten, wenn sie nicht rechtzeitig therapiert wird, meist mit Antibiotika und Vitaminen bei Tierarzt. Dem Hund sollte weiche Nahrung angeboten werden, eventuell sogar breiig, solange er Schmerzen beim Schlucken hat.

Ohrenentzündungen

Wie bei der Ohrräude gibt es auch noch andere entzündliche Erkrankungen, die ähnlich verlaufen. Manchmal beruht diese als eine Fortentwicklung, andere werden durch einen Fremdkörper, der eingedrungen ist oder chemische Einflüsse hervorgerufen, wobei auch Geschwulste (Tumore oder Karzinome) als Ursache in Frage kommen. Symptome und Verhalten des Hundes sind dabei immer ähnlich: er schüttelt den Kopf auffällig oft, lässt das betroffene Ohr hängen, kratzt teilweise heftig daran. Wird ein solches Verhalten beobachtet, so sollte immer der Tierarzt aufgesucht werden. Eine vorbeugende, gründliche und regelmäßige Ohrpflege ist empfehlenswert!

Ohrräude

Bei Befall durch die Saugmilbe, die ihre Eier am äußeren Gehörgang ablegt, kommt es zur entzündlichen Ohrräude, wenn die ausgeschlüpften Larven die Haut bei ihrer Nahrungsaufnahme später dort verletzen (Blutsauger). Anfangs bildet sich ein gräulicher, später bräunlicher Belag im Ohr, später verstopft dieser dann den Gehörgang. Es kann sich Eiter bilden, der nicht nur unangenehm riecht, sondern auch extremen Juckreiz und später starke Schmerzen auslöst. Der Hund läuft viel herum, ist aufgeregt, kratzt sich dauernd. Verschlechtert sich der zustand, verliert er den Appetit und wird apathisch. Das Fell wirkt ungepflegt und stumpf. Er muss unbedingt beim Tierarzt untersucht und behandelt werden, sonst könnten schwere Schädigungen des Trommelfells und der Nerven die Folge sein! Dieser reinigt das Ohr erst gut aus und träufelt dann eine entzündungshemmende, juckreizstillende und milbenabtötende Lösung ein. Die Behandlung wird daheim weiter durchgeführt.

Scheinschwangerschaft

Siehe unter „Spezielles zur Hündin“

Sinusitis

Meist sind die Ursachen für Nebenhöhlenentzündung dieselben wie bei der Rhinitis und sie entsteht als Begleit- oder Folgeerkrankung des Nasenkatarrhs. Drückt man auf die Stirn des Tieres, zeigt er offensichtlich Schmerz und reagiert empfindlich. Die Nickhaut kann dann vorfallen, schreitet die Krankheit weiter voran, leidet der Hund unter schwerer Atmung und starkem Tränenfluss. Ein Besuch beim Tierarzt ist dann unerlässlich!

Speicheln

Verursacht durch lose Zähne oder in das Maul aufgenommene Fremdkörper. Denkbar sind auch Vergiftung, Tollwut, Insektenstiche im Mund.

Taubheit, conduktive oder übertragende

Durch die Blockade der Schallübertragung zur Gehörschnecke kann es zum Verschluss des Ohrkanals (oder der Mittelohrhöhle) kommen. Auch eine Entwicklungsstörung kann dafür verantwortlich sein. Sie kann eine komplette oder teilweise Taubheit zur Folge haben und ist manchmal operativ behandelbar. Meist ist sie eine Folge von Fremdkörpern oder schlecht ausgeheilten bzw. nicht behandelten Entzündungen des

Mittelohrs oder Außenohrs. Der Tierarzt kann einen Audiometrietest bei Verdacht durchführen.

Übermäßiges Trinken
Besonders wenn dem Hund Trockenfutter gegeben wird, soll immer (täglich) frisches Wasser bereitstehen in Zimmertemperatur. Dann braucht er mehr Flüssigkeit als bei der Feuchtfutterfütterung. Stellen Sie aber fest, dass er vermehrt und immer wieder zum Wassernapf läuft und zu viel trinkt (also wesentlich mehr als seine übliche Menge, obwohl es nicht viel wärmer ist als sonst), könnte eine schwere Nierenentzündung vorliegen, aber auch eine Gebärmuttervereiterung bei Hündinnen. Dann hat er auch meist Fieber oder Untertemperatur, Erbrechen, ist schlapp und hat Schmerzen. In einem solchen Fall muss er sofort zum Tierarzt und braucht Infusionen, denn die Folge kann auch ein Nierenversagen sein.

Unterzuckerung
Liegt der Hund apathisch in seinem Körbchen, reagiert nicht auf Zuruf und Locken, tut sich anscheinend schwer, überhaupt sein Köpfchen zu bewegen, könnte eine Unterzuckerung vorliegen. Die Augen werden matt, die Schleimhaut verändert sich (Drucktest). Versuchen Sie die Gabe von etwas Traubenzuckerlösung oder verdünntem Apfelsaft, das sollte helfen. Zur Sicherheit kann der Tierarzt auch eine entsprechende Untersuchung vornehmen.

Verstopfung
Versuchen Sie, ihm ein paar Teelöffel gezuckerte Dosenmilch zu geben. Etwas rohe Leber (kleingeschnitten) kann ebenfalls helfen, auch etwas Quark. Hat er allerdings Schmerzen, sollte ein (fachgerechter) Einlauf beim Tierarzt erfolgen.

Zahnstein
Wie auch beim Menschen entsteht Zahnstein durch eine mangelnde Zahnhygiene: die Beläge setzen sich auf dem Zahn fest und verhärten sich. Die beste Vorbeugung dagegen ist das tägliche Zähneputzen mit einer Hundezahnpasta, an das man das Tier bereits im Welpenalter gewöhnen sollte. Somit kann ein stärkerer Befall von vorneherein verhindert werden. Leider duldet nicht jeder Hund diese Pflegemaßnahme, dann kann man ihm regelmäßig enzymhaltige Kaustreifen oder Kauknochen geben, die die Zahnsteinbildung verringern sollen. Im Handel erhältlich sind auch chlorhexidinhaltige (CHX) Pasten, welche gegen Karies vorbeugen sollen und in der Zahnmedizin benutzt werden.
Bei der jährlichen Gesundheitskontrolle und Impfung ist auch der Zustand von Mundhöhle und Gebiss zu kontrollieren. Hat sich trotz aller Maßnahmen (oder weil sie eben ungenügend waren) dennoch Zahnstein gebildet, kann der Tierarzt in einer leichten, kurzen Narkose diesen entfernen (meist mit einem Lasergerät).

Zahnfleischtaschen
Sind die Folge von Zahnstein: es bilden sich kleine Spalten am Zahnhals und Zahnfleischansatz, worin sich Reste von Nahrung absetzen können. Diese führen zu einer Entzündung des Zahnfleischs und werden mit einem Medikament bepinselt (Tierarzt) und desinfiziert. Auch eine Spülung mit verdünnter Kamillentinktur oder Salbeitee sowie sanfte Zahnfleischmassage helfen. Dann muss unbedingt eine verbesserte Zahnpflege erfolgen!

Zahnfleischschwund
Ist eine Krankheit! Erst liegt Zahnstein vor, die Folge ist ein überhöhter PH-Wert des Speichels (Übersäuerung), das Zahnfleisch schwindet (Zahnfleischrezession), die Zähne können ausfallen. Nicht immer entsteht eine Entzündung! Auch nach der Entfernung von Zahnstein kann dies geschehen. Leider ist Zahnfleischschwund ist meist genetisch bedingt und daher nicht heilbar. Doch eine gute Zahnhygiene soll wenigstens die Entwicklung verzögern. Gegen eine Entzündung des Zahnfleisches helfen Präparate vom Tierarzt.

Wo ist denn jetzt der Ball hin?

Parasiten

Leider hat der Klimawandel bereits in den vergangenen Jahren zu einem star ken Anstieg des Auftretens von Parasiten, besonders von Flöhen und den Zecken geführt. Da diese viele gefährliche Krankheitserreger übertragen können, ist die Bedeutung von Parasiten nicht unerheblich, auch in der Haustierhaltung. Denn diese halten sich besonders im direkten Umfeld des Menschen auf (zum Beispiel auch im Bett), teilen sich einen gemeinsamen Wohnraum, und können daher leicht Krankheiten übertragen mittels dieser Parasiten. Insbesondere im Darm lebende Wurmparasiten können so leicht auf den Menschen übertragen werden. Kinder und Erwachsene mit geschwächtem Immunsystem sind natürlich extrem gefährdet.

Auch Urlaubsreisen, bei denen das Tier in südliche Regionen mitgenommen wird, bedeuten zusätzliche Risikofaktoren. Denn bereits südlich unserer Alpenregion besteht die Gefahr einer Ansteckung des Hundes mit Gefäßparasiten (z.B. Lungenwürmer, Herzwurm).

Wir unterscheiden zwischen Behandlung bei bereits bestehendem Befall und Prophylaxe zur rechtzeitigen Abwehr. Zu bestimmten Jahreszeiten ist die Gefahr von Parasiten besonders hoch und wir haben die Möglichkeit, gegen verschiedene dieser Lästlinge ein Mittel aufzutragen, das bereits im Voraus den Befall meist wirksam abwehrt. Besprechen Sie dies mit Ihrem Tierarzt, er wird Sie gerne beraten. Da dies zur Gesunderhaltung Ihres Tieres sehr beitragen kann, finden wir die Anwendung solcher Mittel, die teilweise nur 1 mal pro Monat im Nacken des Tieres aufgetragen werden, sinnvoll und auch praktisch.

Ektoparasiten

Leben auf der Körperoberfläche. Wir kennen:

Flöhe

Sprunggewaltige Blutsauger in verschiedenen Entwicklungsstadien, vermehren sich explosionsartig. Die Eier rieseln wie kleine Salzkristalle aus dem Fell des Hundes in seine Umgebung. Daher muss bei vorliegendem Befall auch sein Schlafplatz, Kuscheldecke, Spielzeug und gegebenenfalls auch das Menschenbett gereinigt und desinfiziert werden. Nur etwa 1 % der Flohpopulation lebt überhaupt auf dem Wirt, der Rest lässt es sich in Decken, Kissen, Bettwäsche etc. in Form von Eiern oder Larven gut gehen. Diese mit einem Spezialspray gut einsprühen. Drei Tage lang (in einem Plastiksack, gut abgebunden) in den Gefrierschrank soll auch helfen, oder bei mindestens 70 °C in den Backofen (was hitzebeständig ist).

Befall erkennt man:

An starkem Juckreiz, schwarzem Flohkot im Fell (färbt sich beim Zerreiben auf feuchtem weißen Papier rot, besteht fast nur aus dem Blut des Wirtes), Floheier, im Fell umherhuschende Flöhe

Hauptsaison: Spätsommer und Herbst, aber auch ganzjährig

Folgen für den Mensch:
Juckreiz, allergische Reaktionen, Hautentzündungen, Übertragung vom Bakterium bartonella henselae, das der Erreger für die sogenannte Katzenkratzkrankheit ist.
Folgen für das Tier:
Juckreiz, allergische Reaktionen, Hautentzündungen, Übertragung von Viren und Bakterien, Infizierung von Kürbiskernbandwurm beim Zerbeißen der Parasiten, Schwächung durch Blutverlust bei kleinen und kranken Tieren in schlechtem Zustand

Wichtig: bei vorliegendem Befall nach der Behandlung eine Wurmkur gegen Bandwürmer vornehmen, sämtliche Umgebung des Haustieres, mit der es Kontakt hat, behandeln!

Läuse und Haarlinge
Flügellose Insekten mit einem bräunlich-weißen Körper, etwa 2 mm lang, in verschiedenen Entwicklungsstadien von Ei bis Parasit. Übertragung eher durch den Kontakt mit verwahrlosten Tieren in schlechtem Pflegezustand.
Läuse ernähren sich von Blut, Haarlinge von Hautschuppen
Befall erkennt man:
Kleine weiße Nissen, etwa 0,5 mm lang, die an den Haaren kleben, die Parasiten selbst sind schlechter zu erkennen.
Folgen für den Mensch:
Diese Parasiten verhalten sich wirtsspezifisch, das heißt, sie halten sich höchstens kurzfristig auf der menschlichen Haut auf und suchen sich einen anderen Wirt. Daher sind selten vorübergehende Hautreaktionen möglich.
Folgen für das Tier:
Juckreiz, Hautallergien, Haut- und Fellschädigungen

Wichtig: diese Parasiten wechseln die ihnen zusagende spezifische Tierart nicht. Oft nur einmalige Behandlung mit speziellem Wirkstoff notwendig.

Zecken
Verschieden große, blutsaugende Parasiten, halten sich im Gras, an Büschen und im Wald aufhalten, klettern auf jeden, der vorbei läuft.
Befall erkennt man:
Ein oder mehrere Parasiten sitzen am Körper und saugen sich fest, bevorzugt an den Stellen um das Ohr, Hals, Nacken, aber auch zwischen den Zehen und um die Nase.
Hauptsaison: Frühjahr bis in den Sommer hinein und Herbst, besonders extrem bei vorangegangenem milden Winter
Folgen für den Mensch:
Sind die gleichen wie für den Hund.
Folgen für das Tier:
Juckreiz, Entzündungen, besonders aber die Gefahr der Übertragung gefährlicher Krankheitserreger wie der Borrelien *(Borreliose)*, die auf jeden Fall vom Tierarzt mit Hilfe von Penicillin behandelt werden muss. Es besteht die Gefahr von Herzerkrankungen und Lähmungen bis zum Tod.

Wichtig: Mit Hilfe einer Zeckenzange entfernen. Nicht mit Öl oder Kleber bestreichen, ansonsten erwischt man nur einen Teil des Zeckenkörpers, der Rest bleibt stecken und kann zu bösen Entzündungen führen. Der Tierarzt kann auch bei der Entfernung helfen, wenn diese schon zu tief drin sitzt. Holen Sie sich von ihm ein Spot-on, das etwa 4 Wochen lang diese gefährlichen Parasiten prophylaktisch bekämpft. Besonders nach einem milden Winter ist die Zeckenpopulation immens und eine echte Plage für alle Hundebesitzer!

Milben:

- Ohrmilben

vorzugsweise im Gehörgang, aber auch überall am Körper möglich, ernähren sich von Ohrenschmalz und Hautschuppen.

Befall erkennt man:

Dunkles, krümeliges Sekret wie getrocknetes Blut im Gehörgang, starkes Kratzen im Ohrbereich und Halsband. Durch Vergrößerung werden die umher krabbelnden Milben sichtbar (Tierarzt).

Folgen für den Mensch:

Seltener Befall auf den Menschen und Infektion

Folgen für das Tier:

Starker Juckreiz mit ständigem Kratzen bis zum Bluten, allergieauslösender Milbenspeichel und -kot, Entzündung des Gehörgangs bis zur eitrigen Ohrenentzündung, oft beiderseits.

Wichtig: Das Sekret muss gelöst und entfernt werden, die Milben mit einer Lösung abgetötet werden. Behandlung mittels Medikamente, die 1 bis 2 mal täglich in das Ohr geträufelt werden oder durch ein oder zweimaligem Aufträufeln von Spot-Ons im Nackenbereich. Kontakt zu erkrankten Tieren meiden!

- Grabmilben

leben vor allem in gegrabenen Gängen in der obersten Hautschicht, manchmal wandern sie auch über die Haut.

Befall erkennt man:

Extremer Juckreiz ist der Hinweis zu dieser Räudeerkrankung, sogar im Labor schwer nachweisbare Milbenart.

Folgen für den Mensch:

Ansteckung möglich, löst starken Juckreiz und Hautveränderungen aus. Kann sich auf dem Menschen nicht weiterentwickeln.

Folgen für das Tier:

Infektion mit der sogenannten *Sarkoptesräude,* die den stärksten Juckreiz überhaupt zur Folge hat. Nachts und im Warmen verstärkt sich dieser noch. Weitere Krankheitsbilder sind Haarverlust, Schuppen, Hautirritationen, Krusten und Borken im Kopfbereich (Ohrmuscheln), Gliedmaßen, Unterbauch und Achselbereich.

Wichtig: Ansteckung durch direkten Kontakt mit einem infizierten Tier, aber auch durch Hautschuppen und Hautkrusten (die Milben können darin bis zu 3 Wochen infektionsfähig bleiben). Behandlung der Umgebung und von Kontakttieren nötig. Medikamentengabe durch Spot-on im Nacken möglich, die Milben werden dann über das Blut abgetötet. Fuchsbauten meiden bei Spaziergängen im Wald!

- Haarbalgmilben *(Demodex)*

leben in den Haarbälgen ihres Wirtes. Langer Körper, kurze Stummelbeinchen, ernähren sich vom Sekret der Haardrüsen.

Befall erkennt man:
Kleine kahle Stellen im Fell des jungen Hundes oder Welpen mit Schuppenbildung, meist kein Juckreiz. Die Erkrankung nennt sich *„Demodikose"*. Nachweis mittels Laboruntersuchung beim Tierarzt. An sich sind Haarbalgmilben natürliche Hautbewohner, die jedes Säugetier (also auch der Mensch) hat.
Folgen für den Mensch:
Bei geschwächtem Immunsystem besteht eine Gefährdung, ansonsten ist eine Übertragung von Tier zum Mensch sehr selten.
Folgen für das Tier:
Eine Erkrankung wird ausgelöst, wenn sich diese Milben extrem vermehren. Die geschieht vor allem im Fall von geschwächtem Immunsystem, anderen Krankheiten, Wurmbefall. Beim Junghund dauert die Erkrankung, die meist gutartig ist und oft sogar unbemerkt verläuft, etwa 8 Wochen. Bei älteren und immungeschwächten Tieren verläuft die Krankheit allerdings wesentlich dramatischer, kann sich über den gesamten Körper ausbreiten und eine Heilungssausicht ist fraglich!

Wichtig: Die Übertragung kann bereits in den ersten Lebenstagen von der Mutter auf den Welpen erfolgen durch das Säugen. Eine spätere Infektion des gesunden Tieres ist sehr selten. Regelmäßige Vorbeugung gegen andere Parasiten und der Erhalt eines guten Gesundheitszustandes sind die beste Prophylaxe. Angeblich reagieren Chihuahuas allergisch auf den Arzneistoff „Amitraz", so dass vorsichtshalber auf ein anderes Mittel zurückgegriffen werden sollte!
Die Behandlung hängt von der Schwere der Erkrankung ab. Die Milben selbst müssen mittels Lösungen und Waschungen oder eines Spot-on abgetötet werden. Ei vorliegender Wurmbefall muss bekämpft und das Abwehrsystem des Tieres gestärkt werden.

- Cheyletiellen
auf der Hautoberfläche, auch in Bohrgängen der oberflächlichsten Hautschichten lebende Milben, ernähren sich von Hautschuppen und Gewebsflüssigkeit, verschiedene Entwicklungsstadien.
Befall erkennt man:
Die Milben selbst sind nur mit einer Lupe sichtbar, mikroskopische Untersuchung von Hautproben, starke Schuppenbildung
Folgen für den Mensch:
Hautirritationen, diese Milben können sich aber beim Menschen nicht vermehren, daher sterben sie ab oder wandern weiter.
Folgen für das Tier:
Starke Schuppenbildung, vor allem auf dem Rücken und den Ohren (außen), teilweise mit aber auch ohne Juckreiz.

Wichtig: lange Behandlungszeit, am besten mit Spot-on Präparaten. Kontakt zu erkrankten Tieren meiden!

Endoparasiten
Leben im Inneren des Wirtes:
- Darmwürmer
(Spulwurm, Hakenwurm, Peitschenwurm)
- Lungenwürmer
- Herzwürmer

Für die Endoparasiten allgemein gilt (alle einzeln hier aufzuzählen, würde den Rahmen dieses Buches überschreiten):

Befall erkennt man:
am aufgeblähten Bauch des Tieres, Diagnose mittels Kotprobe und Schleimprobe, teilweise Blutuntersuchung

Folgen für den Mensch:
Organschädigungen, Veränderung im Lungengewebe, Entzündung und Juckreiz an der Infektionsstelle, Knoten in der Bindehaut, knotige Hautanschwellungen

Folgen für das Tier:
Es wird schwach und anfällig für Krankheiten. Bakterielle Infektionen, Darmverschluss, Durchfall, teilweise mit Blut, Blutarmut, struppiges Fell, Schäden an der Darmschleimhaut, Erbrechen, Appetitlosigkeit, Bauchwassersucht, Husten, Lungenödeme, Herzinsuffizienz, Embolien, Juckreiz, Hautentzündungen, Haarverlust, Lungenschädigungen je nach Wurmart und Befall unterschiedlich schwer.

Wichtig

Gegen alle Wurmarten gibt es Medikamente beim Tierarzt. Welpen werden im ersten Lebensjahr alle 3 Monate prophylaktisch entwurmt, erwachsene Tiere alle 6 Monate. Die Wurmkur (meist Breitband-Präparat) erfolgt mittels Tablette (in Leberwurst „verpackt“ gerne genommen) oder Paste. Diese ist meist in Spritzenform und wird seitlich dem Hund zwischen den Zähnen sanft ins Maul geschoben. Den Kopf dabei etwas hoch halten und bei geschlossenem Maul die Flüssigkeit langsam auf die Zunge spritzen. Den Kopf solange halten, bis der Hund geschluckt hat.

Geduldig wartet Lili trotz starker Schmerzen auf ihre Untersuchung beim Tierarzt

Erste Hilfe

Hautverletzungen

Kleinere Hautverletzungen können durchaus selbst behandelt werden. Daran klebende Haare sollte man mit einer (sauberen) Schere entfernen, damit sie nicht mit dem Wundsekret verkleben und eitern. Säubern Sie die Wunde und behandeln diese dann mit einem desinfizierenden Wundspray oder – gel und lassen Sie diese an der Luft heilen. Tägliche Kontrolle ist dabei natürlich unerlässlich. Bei tieferen Wunden legen Sie einen Druckverband an und lassen dann eine Versorgung vom Tierarzt durchführen.

Insektenstiche

Sind gefährlich, denn durch das Schnappen nach herumschwirrenden Wespen oder Bienen kann ein Stich im Maul zu erheblichen Schwellungen im Rachen oder im Kopfbereich führen. Sofortige Kühlung mit Eiswürfeln, die Einnahme von Apis mellifica D6, 3 Kügelchen alle 30 Minuten, bis zu 6 mal am Tag oder abschwellenden Allergietabletten sollten den Besuch beim Tierarzt nicht ersetzen.

Lahmen

Eine auftretende Lahmheit kann zum Beispiel durch eine Verletzung der Pfote verursacht werden. Eingetretene, schmerzende Dornen, Splitter (Glas) werden entfernt, die Stelle desinfiziert. Die Haare können verfilzt sein oder eingetretene Gegenstände wie Harz die Zehenzwischenräume verkleben. Streusalz kann in den Pfoten Schmerzen verursachen. Eine Kralle kann verletzt sein, weil er irgendwo hängen geblieben ist. Die Ballen oder das Krallenbett kann sich entzündet haben. Auch hier ist Desinfektion sowie Behandlung mit Wundheilsalbe angesagt. Manchmal ist ein Verband nötig, um ständiges Belecken zu unterbinden. Ursache für eine Lahmheit kann aber auch eine Vertauchung, Prellung oder Zerrung sein. Das Lahmen ist immer mit Schmerzen verbunden, dauert der Zustand länger an, muss der Tierarzt die Ursache ergründen und behandeln.

Unfall

Denken Sie daran, dass nicht nur die offensichtliche Verletzung sondern auch innere Verletzungen und Gehirnerschütterung vorliegen können.
Legen Sie den Hund vorsichtig auf eine Decke mit tiefgelegtem Kopf und herausgezogener Zunge. Transportieren Sie ihn darauf unter Vermeidung von Erschütterungen. Lassen Sie bereits Ihren Tierarzt telefonisch verständigen und fahren Sie sofort hin.
Liegt eine Bewusstseinstrübung vor, darf ihm keine Flüssigkeit gegeben werden, das Maul darf aber befeuchtet werden mit Wasser oder Tee. Geben Sie ihm bis zur Ankunft beim Tierarzt Notfall – Bachblüten, tropfenweise alle paar Minuten.

Vergiftung

Auch im besten „Hundehaushalt" kommt es vor, dass der Hund eine Vergiftung bekommt, zum Beispiel weil er Haushaltsmittel erwischt oder den Müll durchgewühlt hat und doch etwas ganz Feines (in seinen Augen) erwischt hat. In diesem Fall zeigt er Anzeichen von Speichelfluss, Erbrechen und Durchfall, evt. mit Blut. Gehen Sie sofort zum Tierarzt! Haben Sie bereits feststellen können, was er gefressen hat, sagen Sie es ihm, ansonsten sollten Sie eine Probe des Erbrochenen oder Stuhls mitnehmen. Damit erhöhen Sie die Überlebenschancen! Nun muss das Gift aus dem Körper herausbefördert werden, bevor er es aufnimmt. Das muss schnellstmöglich nach Einnahme geschehen. Der Tierarzt kann das Erbrechen mittels einer Injektionslösung auslösen. Besteht diese Möglichkeit nicht innerhalb kurzer Zeit, kann man versuchen, dem Tier eine Lösung von 2 Teelöffeln Salz in Wasser einzuflössen. Nach dem Erbrechen werden dann mehrere medizinische Kohletabletten ebenfalls in Wasser gelöst und eingegeben. Keine Milch, da diese Fett enthält und manche Gifte fettlöslich sind. Danach dann zum Tierarzt mitsamt dem Erbrochenen und eventuellen Packungen.

Mäxchen muss Zuhause bleiben
Und findet`s gar nicht gut!

Anmerkung

Die meisten Chihuahuas sind bei Unfällen - oder auch nur beim Krallenschneiden oder Spritzen vom Tierarzt – recht wehleidig und können sehr laut und durchdringend schreien! Also, wenn Ihr Nachbar meint, Sie bringen gerade den Hund um, ist das eher normal…

Nach eigener Erfahrung wird es meist dann richtig gefährlich, wenn der Hund das **nicht** mehr tut! Dann ist es (eben bei einem Unfall oder starker Erkrankung) wirklich ernst, und Sie sollten einen Tierarzt aufsuchen! Bedeutet jetzt nicht, dass es nicht auch gefährlich sein kann, wenn er schreit, aber wie gesagt, nehmen Sie es nicht auf die leichte Schulter, wenn er ruhig und starr zu sein scheint, das kann auch ein Schock sein!

Spezielles zur Hündin

Haben Sie keine Angst vor dieser Phase, sie wird jedes Jahr mindestens ein, manchmal auch zweimal auf Sie beide zukommen. Je normaler und gelassener Sie damit umgehen, desto problemloser wird auch die Hündin sie durchleben. Ist die Hündin gesund, darf sie genauso wie bisher mit ihren Menschen spielen, toben und kuscheln. Nur aufpassen muss man eben, um ein ungewolltes Decken zu verhindern. Die Läufigkeit ist nun einmal normal, und gehört zur Hündin dazu.

Läufigkeit

Zwischen sechs und 12 Monaten, selten später, tritt zum ersten Mal der Sexualzyklus, die periodisch wiederkehrenden Veränderungen im Geschlechtsapparat der Hündin, auf. Rüden werden übrigens auch in diesem Alter geschlechtsreif.

Dieser umfasst vier Phasen. Erst während der Zyklusphase „Östrus" oder „Estrus", die üblicherweise als Läufigkeit, oder Hitze bezeichnet wird, ist die Hündin deckungsbereit. An sich dauert er nur wenige Tage, während der gesamte Zyklus mehrere Wochen währt.

Unterbrochen wird der Sexualzyklus nur bei Erkrankung, Trächtigkeit und er dauert, anders als beim Menschen, bis zum Tod des Tieres. Er tritt in einem Rhythmus von 6 bis 9 Monaten auf, wobei Kleinhunde erfahrungsgemäß sexuell erregbarer und aktiver sind als große Hunde. Das bedeutet, die meisten Chihuahua-Hündinnen werden zweimal im Jahr läufig, es kann sogar, je nach Wetterlage, dreimal vorkommen.

Meistens aber geschieht es dann, wenn Mensch es eigentlich als unpassend empfindet: also wenn eine Ausstellung ansteht oder der Urlaub geplant ist. Mit einer läufigen Hündin wird das alles wesentlich schwieriger, auf eine Ausstellung kann man sie natürlich gar nicht mitnehmen! Ansonsten entspricht dieser Zyklus der Natur des Hundes (nicht nur des Hundes!), den man, wenn er auch nerven kann, ganz entspannt durchstehen sollte.

Hat man eine Hündin, die doch etwas mehrere Blutstropfen verliert, kann man diese durch das Anziehen von speziellen Höschen (Fachhandel) vermeiden. Dies ist übrigens **keine** Verhütungsmethode! Bei Chihuahuas, die extreme Sauberkeitsfanatiker sind, und zusätzlich noch besonders klein, ist dies aber nur sehr selten notwendig, im Gegensatz zu großen Hunden, die durchaus sichtbare blutige Hinterlassenschaften im Haus verteilen bei der Läufigkeit.

Woran erkenne ich, dass meine Hündin läufig ist

Man bekommt das erst im Lauf von mehreren Läufigkeitsphasen mit, da jede Hündin individuell ist. Die ersten Anzeichen können bereits mehrere Wochen vor Beginn auftreten, genauso wie erst kurz vor Beginn. Diese sind recht verschieden. Die meisten Hündinnen fangen an, besonders auffällig oft und manchmal nur ein paar Tropfen, zu urinieren. Man meint schon, sie hätte

einen Blaseninfekt. Genaugenommen ist dies ein Markierungsverhalten. Manche Hündin, die normalerweise sehr brav und folgsam oder gar sehr gehorsam ist, verhält sich plötzlich genau gegenteilig und stur. Manche aber sind ganz besonders auf Aufmerksamkeit bedacht und extrem kuschelig, auch wenn sie bisher nicht so menschenbezogen ist. Zeigt sie solche Anzeichen, verändert sich also im Verhalten besonders, könnte sie läufig werden. Nehmen Sie sie täglich und drehen sie auf den Rücken. Dann sehen Sie sich das äußere Geschlechtsorgan, die Vulva genauer an. Von Vorteil ist dabei, wenn man weiß, wie diese „üblicherweise" aussieht. Normalerweise ist diese ein recht kleiner Wulst. Bei beginnender Läufigkeit vergrößert sie sich um ein Vielfaches und schwillt täglich mehr an. Dabei passiert dies je nach Hündin sehr schnell, langsam oder seltener auch fast gar nicht. Sie leckt sich auch auffallend oft. Sicher ist, dass bei anschwellender Vulva die Läufigkeit beginnt, oder auch deren Vorstadium. Hat sie ihren Höhepunkt erreicht, findet auch der Östrus statt und die Hündin kann gedeckt werden. Die Vulva ist nun auch oft gerötet und es tropft ein wenig Schleim heraus. Tupfen Sie diesen mit ein wenig weißen Papier-taschentuch leicht ab, dann können Sie feststellen, ob der Schleim leicht rötlich ist oder noch farblos. Bei Beginn der Hitze färbt er sich nämlich. Eine andere Möglichkeit besteht darin, den Schlafplatz mit einem sauberen, weißen Tuch abzudecken, worauf man dann eventuelle Blutspuren oder rosafarbene Flecken entdeckt, sobald sie läufig wird.
Doch da Chihuahuas wie gesagt, sehr sauber sind, kann es auch sein, dass sie bereits alles weggeleckt hat, so dass Sie nicht mehr davon bemerken! Vielleicht blutet sie auch nicht stark. So kann es also vorkommen, dass man erst bemerkt, dass sein Tier läufig wird, wenn sie bereits voll in der Hitze ist.
Eine sichere Methode ist auch die tägliche Kontrolle mit dem Taschentuch, indem man die Vulva ganz sanft etwas mit den Fingern zusammendrückt, ob ein wenig farbiger Schleim daraus hervorkommt, oder sie mit dem Tuch abwischt. Aber auch eine angeschwollene Vulva, die keine Flüssigkeit absondert, kann auf die Läufigkeit hinweisen, jede Hündin ist eben anders, sowohl die Erscheinungen als auch der Ablauf können unterschiedlich sein. Kommt Ihnen die Vulva dann riesig vor, ist es auf jeden Fall relativ sicher so weit. Sie bildet sich übrigens danach auch schnell wieder zurück zu ihrer normalen Größe.

Deckbereitschaft

Nach dem Pröostrus, die als Vorbrunst bezeichnet wird (zwischen 4 und 21 Tagen), setzt also der Östrus, die Brunst, ein. Nun wird die Hündin deckbereit und fruchtbar. Das Blut, das die Hündin jetzt absondert, ist erst recht dunkel und wird nach etwa 8 oder 9 Tagen dann heller, manchmal auch mengenmäßig mehr. Danach färbt es sich anscheinend heller, die Vulva fühlt sich weich an, anstelle Blut kommt hellrosa bis weißlicher Ausfluss. Ab jetzt ist die Hündin zum

Deckakt bereit. Wenn Sie keine Welpen wollen, dürfen Sie sie nun keine Sekunde mehr unbeaufsichtigt lassen! Wie lange genau dieser Zustand dauert, ist unterschiedlich, meist zwischen 2 und 12 Tagen. Doch auch danach hat es bereits erfolgreiche Deckakte gegeben (zum Beispiel am 15.Tag!).

Hinweis
Manche Hündinnen lassen sich allerdings schon vor der Hitze decken und auch noch lange danach. Manche Hündin genießt den **Deckakt** derart, dass sie es auch einmal ein paar Wochen lang zulässt. Die Aufnahmefähigkeit verlängert sich dadurch allerdings nicht!
Die **Trächtigkeitsdauer** beträgt zwischen 62 und 65 Tagen, wobei (reinrassige) Chihuahuas meist zwischen 1 und 3 Welpen bekommen. Es gibt aber auch Würfe von bis zu 7 Welpen, von denen wir wissen.

Vorbeugung vor unerwünschten Deckakten

Bereits ab dem 8. Tag der Läufigkeit muss die Hündin konsequent ständig beaufsichtigt und unter Verschluss gehalten werden. Und dies bis zum 22. Tag sicherheitshalber! Nicht eine einzige Minute darf sie unbeaufsichtigt im Garten umherlaufen. Übrigens heißt diese Zeit auch deshalb „Läufigkeit“, weil die Hündin dann gerne auch einmal stiften geht – und mit Folgen, aber recht befriedigt, erst wieder heimkommt.

Führen Sie am besten Ihre Hündin daher nicht zur Haustür oder Gartentüre hinaus. Am besten, Sie tragen sie hinaus, noch besser fahren Sie mit dem Auto weg und gehen einsame Spazierwege, bei denen Sie möglichst wenigen anderen Hunden begegnen. Natürlich immer angeleint! Liebestolle Rüden lassen sich übrigens auch von Zäunen nicht aufhalten, und so mancher Hund (und zwar sowohl Rüde als auch Hündin) entwickelte sich in dieser Phase zum „Springweltmeister“. Der Deckakt hat auch schon durch den Zaun hindurch funktioniert übrigens. Die Mischung, die dabei herauskommt, ist gerade beim extrem kleinen Chihuahua nicht immer sehr schön, insbesondere wenn es sich dabei um einen großen und stabilen Geschlechtspartner handelt. Sobald die Hündin das Grundstück verlässt, setzt sie ihre typische, für den Rüden so verlockende Duftmarke, was so manchen Freier ködert. Seien Sie für die nächsten 3 Wochen vorsichtig, dann sind Sie auf der sicheren Seite. Mancher Wurf wurde möglich, weil die Besitzer der Hündin sich verschätzt hatten…

Typisches
Die meisten Chihuahua-Hündinnen scheinen übrigens nur kleine Rüden anzuziehen, so dass mittelgroße und große Hunde auf ihren Geruch gar nicht reagierten. Kleine Rüden dagegen legen sofort los... Doch in der Liebe gilt nichts als sicher, es gibt auch hündische Liebespaare, denen man es wirklich nicht zutrauen würde, zusammen zu kommen!

Begegnen sich Rüde und Hündin im genau richtigen Moment, kann sich der Liebesakt übrigens innerhalb von wenigen Sekunden ereignen, und der Hundeführer ist dann machtlos. Mit Gewalt darf man die Hunde, wenn sie erst einmal zusammen hängen, nicht trennen, die Verletzungsgefahr wäre zu groß!

Es ist doch passiert?

Wie gesagt, kommen Sie zu einem unerwünschten Deckakt dazu, dürfen Sie die Hunde nicht mit Gewalt trennen! Der Penis des Rüden schwillt stark an, sobald er eingedrungen ist und die Tiere hängen zu zusammen. Dabei steht die beiden nebeneinander! Dieser Zustand dauert von ein paar Minuten bis zu etwa 45 Minuten! Erst danach schwillt der Penis ab und rutscht von selbst aus der Hündin heraus.

Der Samenerguss an sich findet bereits in den ersten paar Sekunden statt, es wäre dann sowieso zu spät. Ein gewaltsames Unterbrechen würde wie gesagt zu schweren Verletzungen führen.

Bringen Sie Ihre übereifrige Hündin also gleich danach zum Tierarzt. Er kann durch hohe Östrogengaben eine mögliche Einnistung des Eis verhindern. Dafür bekommt die Hündin meist am 3., 5. und 7. Tag nach dem Deckakt eine Injektion. Genaueres teilt Ihnen der Tierarzt mit.
Im Übrigen gibt es die Möglichkeit, die Läufigkeit zu unterdrücken, meist durch die Progesteroninjektionen, die der Tierarzt bestimmt. Eine Erfolgsrate soll dabei bei 98% liegen. Doch nicht jeder Tierarzt ist davon begeistert, stellt dies einen bedeutenden Eingriff in den Hormonhaushalt der Hündin dar.

Lass uns doch darüber diskutieren...

Geplanter Deckakt

Soll es ja auch geben! Niemals darf eine Hündin bei der ersten Hitze schon bewusst gedeckt werden, das wäre viel zu früh! Die meisten Vereine erlauben erst ab einem Alter von 15 Monaten und einer Zuchttauglichkeitsbescheinigung oder entsprechenden Bewertungen bei Ausstellungen das Decken.

Hier halten nun der Züchter und der Rüdenbesitzer die beiden Tiere sanft fest, solange sie zusammen hängen. Das kann schon recht unbequem werden, wenn man eine halbe Stunde auf dem Boden herumrobbt… Dabei wird die Hündin am Bauch gestützt, sie soll sich nicht hinsetzen können, der andere hält den Rüden fest, damit das Hängen dann wieder einmal beendet wird. Vor allem unerfahrene Hündinnen sollten beruhigend gehalten werden, damit sie nicht zuviel umher trappeln und den Rüden am Penis mit sich ziehen…

Scheinträchtigkeit

Ist ein hormonell bedingtes Verhalten, das anschließend nach der Läufigkeit innerhalb eines Zeitraums von 4 - 12 Wochen auftreten kann. Es hatte in der Natur den Sinn, dass weibliche Tiere, die nicht trächtig wurden, den Wurf der Leitwölfin mit säugen konnten. Dies sicherte das Überleben des Rudels zusätzlich ab. Auch heute noch ist dies unter Wölfen und Dingos der Fall. Bei unseren domestizierten Hunden macht es allerdings keinen Sinn mehr.

Die Hündin fühlt sich als werdende Mutter und fängt an, zu „bemuttern“. Sie zeigt das emotionale Verhalten einer tragenden Hündin. Das äußert sich darin, dass sie fiepst,, Socken, Pantoffeln oder ähnliche Gegenstände als Babyersatz sammelt, Nestchen baut, schlechter frisst und auch manchmal erbricht. Auch körperlich verändert sie sich: die Milchdrüsen schwellen meist an, ist oft schmerzhaft und empfindlich, es kann sich sogar Milch bzw. Sekret bilden. Durch die Veränderung des Hormonspiegels kann eine behandlungsbedürftige Milchdrüsenentzündung entstehen. Sie leckt ihr Gesäuge, somit wird die Milchbildung angeregt. Sie kann sogar an Bauchumfang zunehmen, so dass sie wirklich wie trächtig aussieht und sich auch so verhält!

Die Hündin möchte ihre „Kinder“ verteidigen und sie bemuttern. Doch da sie in natura ausbleiben und ihr Kinderwunsch sozusagen unerfüllt bleibt, wird sie emotional sehr unausgeglichen und unruhig, manchmal auch depressiv.

Hier hilft **Ablenkung, Bewegung, regelmäßige Spielzeit und Kuscheleinheiten**. Gehen Sie viel mit ihr **Spazieren** und nehmen Sie sie oft mit. Sämtliche Spielsachen und „Ersatzbabys“ zu entfernen, hilft nur manchmal, kann sogar die Unruhe der Hündin verstärken. Wird das Gesäuge mit kühlenden Salben behandelt oder sogar ausgedrückt, regt dies wiederum die Milchbildung nur an. Eine **homöopathische Behandlung** zum Beispiel mit Pulsatilla, Lilium tigrinum, Sepia oder Lycopodium (immer nur eines davon!) kann Besserung bringen (siehe Literaturempfehlungen!). Eventuell hilft die **Kühlung** mit kaltem Wasser oder Umschlägen mit essigsaurer Tonerde, sind aber schwer durchzuführen. Lässt das Phänomen nicht nach, muss der Tierarzt konsultiert werden, es kann sich auch eine Gebärmutterentzündung bilden! Bei Hündinnen besteht auch (besonders, wenn sie oft scheinschwanger sind) die Gefahr von Gebärmutterkrebs. Diesem kann man durch eine frühzeitige Kastration entgegen wirken. Sprechen Sie mit Ihrem Tierarzt darüber. Eine Hormonbehandlung kann allerdings schwere Nebenwirkungen mit sich bringen, weshalb sie nur in schwersten Fällen durchgeführt werden sollte. Es gibt aber auch Medikamente auf der Basis von sogenannten Prolaktinhemmern, die dieses Hormon, das bei der Hündin für den Erhalt des Gelbkörpers in der Trächtigkeit und in der zweiten Hälfte des Zyklus zuständig ist, reduzieren sollen und somit die körperlichen und Symptome und Verhaltensänderungen der Scheinträchtigkeit auch verbessern oder verhindern.

Mutterglück

IV. Erziehung

Hundeschule

Möchten Sie die Erziehung Ihres Hundes intensivieren oder lassen Sie sich gerne helfen dabei, so sollten Sie sich nach einer Hundeschule umsehen. Die meisten Hundeschulen bieten bereits für den heranwachsenden Hund ohne viele Sozialkontakte die Möglichkeit einer recht zwanglosen Welpenspielstunde an, die regelmäßig, meist einmal wöchentlich, stattfindet.
Wie findet man eine gute Hundeschule und wofür ist diese gut?

- fragen Sie andere Hundebesitzer
- erkundigen Sie sich im Internet oder bei Ihrem Tierarzt
- sehen Sie sich diese vorher an
- unterhalten Sie sich mit dem Trainer
- erhalten Sie wertvolle Tipps für Erziehung und Umgang mit Ihrem Hund
- helfen Sie Ihrem Hund, Sozialverhalten zu erlernen
- lehren Sie Ihren Hund, auf Kommandos zu reagieren
- lernen Sie selbst und auch Ihr Hund, andere Hundebesitzer und andere Hunde (auch anderer Rassen) kennen und freunden Sie sich mit ihnen an, machen Sie Treffen aus zum gemeinsamen Spaziergang oder Training, dann macht das Alles noch mehr Spaß!

Halsband oder Brustgeschirr?

Grundsätzlich: wir verwenden beides.
Das Halsband ist dann praktisch, wenn man seinen Hund mal schnell ins Auto packt oder nur ein paar kurze Schritte mit ihm machen will. Man zieht es dem Hund einfach über den Kopf oder bindet es ihm um, je nach Modell. Für einen längeren Spaziergang oder für Trainingseinheiten bevorzugen wir aber das Brustgeschirr.
Manche Hundeschulen verwenden ausschließlich Halsbänder, erlauben sogar keine Verwendung von Brustgeschirren. Dies ist anscheinend wieder einmal Ansichtssache. Nach unserer Erfahrung hat es folgende Vorteile:

- es schont die Halswirbelsäule des Hundes: durch einen plötzlichen Leinenruck, der zu Erziehungszwecken eingesetzt wird können Bandscheibenverschiebungen auftreten
- Hunde, die stärker an der Leine ziehen, bekommen schlechter Luft, was oft zu Röcheln, Husten und Rückwärtsniesen führt (hört zwar dann wieder auf, ist aber nicht unbedingt gesund), es kann sogar der Kehlkopf dabei gequetscht werden. Die Halsmuskulatur kann dabei verspannt werden und sich Erhärtungen bilden

- am Hals des Hundes befinden sich bestimmte Zonen, die besonders der Kommunikation dienen. Durch die ständige Berührung durch ein Halsband könnte diese auf Dauer abstumpfen oder den Hund verwirren
- empfindet der Hund den ständigen Druck auf die Halsregion als unangenehm, so kann er diesen durch Flucht nach vorne versuchen, zu unterbinden, was nicht im Sinne unserer Erziehung ist. Es kann dadurch eventuell auch eine gewisse Leinenaggression gefördert werden

Jeder muss für sich entscheiden und für seinen Hund ein passendes Teil finden. Hat man einen Hund, der niemals an der Leine zieht und auch sonst gut folgt, kann man durchaus mit einem Halsband gut klar kommen. Wir haben auch solche Tiere, daher wissen wir, wovon wir sprechen. Für unsere anderen „Damen“ ist ein Brustgeschirr für Ausflüge unersetzlich, sie „gurgeln“ sich sonst halbtot – und das nervt …

Es gibt übrigens gerade für Kleinhunde optisch sehr ansprechende Geschirre, die schnell anzuziehen, waschbar und für den Hund sicher durch die Polsterung recht bequem sind (in vielen Modellen, aus dem Internet, meist aus USA). Kaufen Sie ein Brustgeschirr am besten erst, wenn Ihr Tier in etwa ausgewachsen ist (ab 12 Monaten wird es nicht mehr allzu viel wachsen). Achten Sie auf weiches, waschbares Material, das gut anliegt und gut verarbeitet ist (Nähte), aber nicht zu schmale Riemen hat. Es sollte leicht anzuziehen sein (verstellbare Gurte, am besten von zwei Seiten zu öffnen).

Wenn Sie den Hund an das Brustgeschirr gewöhnen, achten Sie darauf, dass er nicht daran herumknabbert. Legen Sie es ihm erst unmittelbar vor dem Spaziergang oder der Trainingseinheit an und ziehen es ihm danach sofort wieder aus. Gewöhnen Sie Ihren Hund an Worte wie „anziehen“ und „ausziehen“, dann weiß er, was Sie von ihm wollen.

Erziehung

Die Erziehung Ihres Hundes beginnt in der Sekunde, in der Sie den Welpen in Empfang nehmen! Das klingt sicher streng, ist aber tatsächlich so. Sie sind ab jetzt nicht nur sein Herrchen oder Frauchen, das er liebt (und das ihn liebt), sondern auch der ihm Halt, Schutz und Führung gebende Rudelführer. Lassen Sie sich diese Stellung nicht mehr aus der Hand nehmen! Es wird Momente geben, in denen der heranwachsende oder erwachsene Hund dies versucht. Je nach Hund geschieht dies mit mehr oder minder starker Durchsetzungskraft. Es gibt natürlich spezielle Bereiche der Erziehung wie zum Beispiel die Sauberkeitserziehung oder die Leinenführigkeit, aber eigentlich findet diese immer in dem Moment statt, wenn Sie sich mit dem Hund befassen – oder fehlt eben! Dabei ist es wichtig und sehr hilfreich, sich etwas mit den Strukturen, dem Sozialverhalten und der hündischen Körpersprache innerhalb des Rudels auszukennen. Ahmen Sie diese Grundstrukturen in Ihrem Haushalt nach, fühlt sich Ihr Hund sicher und geborgen, weil er sich instinktiv damit auskennt. Hunde, die so eine Erziehung genießen, sind in der Regel angenehme Hausgenossen.

10 „Goldene“ Erziehungsregeln

1. Halten Sie eine strukturierte, klare Rangordnung ein!
Der Besitzer ist am ranghöchsten, er ist der Rudelführer und muss sich auch dementsprechend verhalten!

2. Sorgen Sie dafür, dass sowohl Regeln als auch Verbote konsequent eingehalten werden! Was einmal verboten ist, bleibt dies auch, keine Ausnahmen!

3. Eindeutige Anweisungen: verwenden Sie immer dieselben Worte in Befehlsform. Ihr Hund merkt sich sowohl die Stimmlage als auch einzelne Worte, in Verbindung mit der Handlung.

4. Handeln Sie mit Bedacht! Überlegen Sie sich die aufgestellten Regeln gut und vorher! Achten Sie auch auf Stimmigkeit! Ein Hund, der auf die Couch darf, sieht wohl kaum ein, warum das Bett tabu sein soll.

5. Trainieren Sie das Alleine bleiben!
So kann Ihr Hund auch ein paar Stunden allein zu Hause bleiben, ohne Terror zu machen. Dabei spielt das Vertrauen, das er in Sie hat, eine große Rolle.

6. Beginnen Sie möglichst früh mit der Erziehung!
„Was Hänschen nicht lernt, lernt Hans nimmermehr“ – oder nur sehr widerwillig!

7. Nur überlegt und richtig strafen!
Übertriebenes Schreien, Schläge oder hysterisches Ausrasten wird niemals die Reaktion hervorrufen, die Sie wünschen. Entweder der Hund bekommt selbst Angst vor Ihnen oder das Gegenteil tritt ein und er wird bockig. Ein guter Rudelführer handelt ruhig und überlegt. Die Strafe – egal, wie sie nun aussieht -, muss zum einen verständlich für das Tier sein, zum anderen sofort erfolgen (siehe Thema Stubenreinheit)! Erfolgt sie verspätet, hat sie keinerlei Lernerfolg. In der Regel genügt ein direkter, sofortiger und strenger verbaler Ausdruck Ihres Unmutes. Ihr Hund möchte von Ihnen geliebt werden und fühlt sich traurig oder zumindest unwohl, wenn Sie sauer auf ihn sind. Allerdings vergisst er dies auch schnell wieder.

8. Reagieren Sie schnell!
Lob ebenso wie Tadel (und dementsprechend auch die eventuelle Strafe) müssen sofort kommen.

9. Akzeptieren Sie auch eine Warnung des Hundes (Knurren) und lassen Sie ihm einen Freiraum – wenn er nicht gerade selbst gegen die Regeln verstößt (zum Beispiel wenn er nur einfach Ruhe braucht, soll auch sein Freiraum gestattet sein). Ist sein Verhalten und

seine Reaktion (gegebenenfalls auch Schnappen oder Beißen) nicht erlaubt, beziehungsweise verstößt es gegen die Regeln, zeigen Sie ihm eindeutig, dass sein Verhalten unerwünscht ist – wie es im „richtigen“ Hunderudel auch geschehen würde. Dort würde ihn der Ranghöhere durch einen Nackenbiss und Anknurren schnell auf seinen Rang verweisen!

10. Loben Sie!
Die wichtigste Regel: Hunde erzieht man vor allem mit positiver Motivierung, also Lob!

Untersuchungen vornehmen
Manchmal muss man sich davon überzeugen, dass am Körper des Hundes alles in Ordnung ist, man muss (ungeliebte) Pflegearbeiten erledigen wie Krallenschneiden, in die Ohren schauen, und ähnliches. Auch beim Tierarzt sind solche Untersuchungen erforderlich und wichtig. Geht man gar auf Ausstellungen, gehören sie sowieso zum Repertoire dazu, das der Hund kennen und dulden muss.
Schon der Welpe kann lernen, am liebsten mit Hilfe von Belohnungen. Das heißt, man gibt ihm ein Leckerli, untersucht währenddessen seine Ohren und gibt wieder Leckerlis. Immer und immer wieder, so merkt der Welpe, dass diese Berührungen nicht unangenehm sind. Das gleiche mit der Untersuchung des Gebisses: Maul auf, Leckerli rein. Schnell verbindet er die Übung „Maul auf“ mit einem Leckerli, und das ist schließlich etwas Feines! Gerade zu Beginn der Erziehung eine gute Übung für jeden Tag!

„Sitz“
Füttern Sie den Hund aus der Hand mit einem Leckerli.
Bewegen Sie Ihre Hand langsam über den Kopf des Hundes, bis der Welpe in Sitzposition ist, dann geben Sie ihm ein Leckerli.
Nach einigen Malen üben, halten Sie nur die Hand mit einem Leckerli nach oben. Setzt sich der Hund auf dieses Handzeichen hin, geben Sie ihm das Leckerli.
Danach machen Sie die Übung mit der leeren Hand, mit der anderen belohnen Sie ihn.
Unmittelbar vor dem Handzeichen sagen Sie „Sitz!“, wenn der Hund sich setzt, und belohnen ihn mit der anderen Hand.
Üben Sie dies in verschiedenen Situationen und an verschiedenen Orten.

„Platz“

Nehmen Sie ein Leckerli in die Hand und führen es zum Boden. Signalisieren Sie dem Welpen damit, dass er sich auf den Boden legen soll. Liegt er dann, füttern Sie ihn. Probieren Sie dies immer wieder, bis er sich wirklich hinlegt. Danach zeigen Sie mit der leeren Hand zu Boden und füttern Sie mit der anderen Hand. Unmittelbar vor dem Handzeichen sagen Sie „platz!“, wenn der Hund sich hinlegt, und belohnen ihn mit der anderen Hand.
Üben Sie dies in verschiedenen Situationen und Orten.

Casaja hat Spaß an den Lektionen

Leine gehen

Üben Sie vorerst in einem geschlossenen Raum. Lassen Sie die Leine locker hängen. Sobald der Hund in der richtigen Position (Fuß) steht, geben Sie ihm ein Leckerli. Wenn er bei Fuß läuft, füttern Sie ihn immer wieder und loben ihn. Nun lassen Sie die Abstände zwischen den Futtergaben immer länger werden.
Sobald die Übung drinnen funktioniert, führen Sie die Übung auch draußen im Freien durch mit Hilfe der selben Methode.

Rückruf

Benutzen Sie eine Pfeife oder rufen Sie den Hund. Schaut der Hund und kommt zu Ihnen zurück, belohnen Sie ihn mit Lob und Leckerli. Machen Sie die Übung vorerst in einem Raum. Sobald das gut funktioniert, können Sie nach draußen gehen. Dazu benötigen Sie erst einmal eine ganz lange Wurfleine, am besten sind Sie zu zweit. Einer hält die Leine, während die andere Person etwas weiter entfernt steht und pfeift oder ruft. Reagiert der Hund darauf und kommt her, belohnen Sie ihn. Üben Sie erst dann ohne Leine, wenn der Rückruf gut funktioniert.

„Steh“

Locken Sie den Hund mit einem Leckerli her, so dass er vor Ihnen steht. Hat er die erwünschte Position eingenommen, geben Sie es ihm, aber erst dann! Sitzt der Hund vor Ihnen, halten Sie eine Hand vor ihn hin, so dass er aufsteht, dann geben Sie ihm ein Leckerli. Danach führen Sie eine leere Hand vor ihn und füttern ihn mit der anderen. Unmittelbar vor dem Handzeichen sagen Sie „steh!“, mit der anderen belohnen Sie ihn.

„Nein“
Halten Sie dem Hund eine Hand mit Futter auf der geöffneten Handfläche hin mit dem Befehl „nimm!“. Abwechselnd geben Sie ihm ein Stück und machen die Hand wieder zu mit dem Wort „nein!“. Wenn Sie „nein“ sagen, belohnen Sie ihn mit der anderen Hand. Machen Sie diese Übung auch mit der anderen Hand abwechselnd.

Für alle Übungen und Befehle gilt:
Regelmäßiges Üben und Wiederholungen mit viel Geduld führen zum Erfolg. Jeder Welpe hat einen Spieltrieb, er wird die Kommandos gerne lernen und mitmache, wenn sie nur spielerisch erfolgen, ohne laut werdende Strenge und mit viel Lob.

Pflichten eines Hundebesitzers

- **Impfen und Gesundheits-Check**

Bei der Übernahme Ihres Welpen haben Sie vom Züchter bereits einen Impfpass ausgehändigt bekommen. Meist wird in diesem vermerkt, wann die nächsten Impfungen fällig sind. Sie sollten darauf achten, dass diese auch eingehalten werden, da Sie den Hund damit vor Krankheiten und sich selbst unter Umständen vor Ansteckung schützen (zum Beispiel hinsichtlich Tollwut). Außerdem ist die Einhaltung bestimmter Schutzimpfungen in andere Länder oftmals die Voraussetzung zur Einreise.
Bei der Impfung erhält der Hund abgetötete oder abgeschwächte Infektionserreger gespritzt. Daraufhin bildet der Körper eigene Abwehrstoffe und kann, kommt er dann mit aktiven Erregern in Berührung, der Infektion widerstehen, oder durchläuft nur eine sehr abgeschwächte Form der Krankheit. Für die Impfung, die in bestimmten Zeitabständen wiederholt werden muss, ist es aber unerlässlich, dass der Hund absolut gesund ist!
Welpen werden im Alter von 7 bis 8 Wochen zum ersten Mal geimpft und mit 12 Wochen dann nochmals. Der Impfschutz baut sich aber im Laufe der Zeit ab, daher muss er wieder regelmäßig aufgefrischt werden. Bei jedem Spaziergang und bei jedem Kontakt mit anderen Hunden sowie anderen Tieren überhaupt kommt Ihr Hund mit Bakterien und Krankheitserregern in Berührung. Daher sollte jeder Hund regelmäßig mittels Impfung geschützt werden.

Wichtige Impfungen schützen gegen:
Staupe, Hepatitis, Leptospirose, Parvovirose, Tetanus, Tollwut (gibt jetzt schon eine Dreijahresschutzimpfung)

In der Regel ist eine jährliche Auffrischung der Impfung nötig. Vergessen Sie diese nicht! Überimpfungen sind natürlich auch nicht sinnvoll, eine Impfung belastet auch immer das Immunsystem des Hundes (ebenso wie Ihren Geldbeutel), bei manchen Krankheiten genügt eine Impfung auch nach Kontakt mit dem Erreger. Eine ausführliche Beratung erhalten Sie bei Ihrem Tierarzt.

Tollwut

Auch wenn manche der Meinung sind, der kleine Chihuahua würde sowieso sterben, wenn er von einem tollwütigen Fuchs beispielsweise gebissen würde, und daher wäre eine Impfung nicht notwendig:
Wer sagt uns denn, dass er nicht einer Maus oder einem Eichhörnchen begegnet, die genauso Überträger des Erregers sein kann? Klar, die Maus stirbt, aber unser Hund dann nicht, wenn er geimpft ist. Und außerdem stellt die Tollwut eine extrem gefährliche Erkrankung **auch für den Menschen dar!** Dies darf man nicht vergessen! Gerade bei einen geschwächten Immunsystem oder kleine Kinder sind hierbei besonders gefährdet, denn auch die sofort nachträglich durchgeführte Postexpositionsprophylaxe stellt ein Risikofaktor und eine starke Gesundheitsbeeinflussung dar. Diese Krankheit bringt übrigens jährlich immer noch über 50.000 Menschen, vor allem unter 15 Jugendlichen und Kindern den Tod!

Der regelmäßige Gesundheits-Check ist ein „Muss" für jeden Hundebesitzer und sollte auch bei dem scheinbar gesunden Hund regelmäßig (mindestens einmal im Jahr) stattfinden. Er ist oft zur Erleichterung beider mit dem Impftermin kombinierbar. Dabei ist auch eine vorsorgliche Blutuntersuchung sinnvoll, die Mangelerscheinungen oder Probleme der Organe, die bisher noch nicht sichtbar waren, aufzeigt. Besonders bei dem älteren Hund ab etwa 8 Jahren bieten manche Tierarztpraxen einen Altersvorsorgecheck an, wobei besonders typische Altersprobleme rechtzeitig erkannt und auch behandelt werden können.

- **Entwurmen**

Regelmäßige Wurmkuren erhalten die Gesundheit des Tieres wie auch seiner Besitzer. Siehe Kapitel „Parasiten"!

- **Tierhalterhaftpflichtversicherung**

Für Hunde jeder Rasse und Größe gibt es diese. Sie deckt Schäden, die der Hund Dritten, also Personen, die nicht Ihrem Haushalt angehören, zufügt oder verursacht. Auch wenn Chihuahuas klein sind und nicht unbedingt die Gefahr besteht, dass sie sich über Briefträger oder den Nachbarn hermachen, kann auch ein kleiner Hund zum Auslöser für einen großen Schaden werden. Denn reißt er sich von der Leine los – oder folgt einfach nur nicht auf Ihren Ruf – und läuft auf die Strasse, so kann schnell ein Autounfall mit erheblichen Schaden die Folge sein. Insofern ist der Abschluss einer Haftpflichtversicherung für Ihren Hund sowohl in Ihrem eigenen Sinn als auch im Interesse der Menschen, die durch den Hund zu Schaden kommen.
Sollten Sie bereits eine bestehende Privathaftpflichtversicherung haben: Kleintiere bis zur Katze sind darin bereits enthalten, Hunde dagegen (leider auch Kleinhunde) nicht! Sie

müssen also eine explizite „Tierhalterhaftpflichtversicherung" abschließen, die meist jährlich fällig wird. Achten Sie dabei, vor allem bei Internet- und sogenannten Billigangeboten auf die Höhe der Versicherungssumme, die sowohl bei Personen- als auch bei Sachschäden die beträchtlich sein sollte. Eine gute Versicherung bietet Schutz in Höhe von mehreren Millionen Euro an.

- **Hundesteuer**

Jeder Hundebesitzer muss seinen Hund laut Gesetz bei seinem Einwohnermeldeamt (Gemeinde) anmelden. Tut er das nicht, macht er sich strafbar! Er bekommt dann eine Mitteilung, dass er Hundesteuer zu zahlen hat. Wieviel das ist, wird von der Gemeinde und dem Landkreis geregelt und ist absolut unterschiedlich. Dabei gilt für Chihuahuas keine Sonderregelung nach ihrer Größe. Jeder Hund, ob groß oder klein, zahlt bisher das Gleiche. Nur Rassen, die als Kampfhunde eingestuft werden, zahlen (wesentlich) mehr. Diese Hundesteuer ist jährlich fällig. Vielerorts wird derzeit diese Steuer extrem erhöht (manchmal auch verdoppelt), da die Haushaltssäckel leer sind...

Amelie kommt immer gerne mit

VII. Ausstellungen

Aus Ihrem Hund ist ein ganz besonders schönes Exemplar geworden und immer wieder bekommen Sie zu hören, dass Sie ihn doch einmal ausstellen sollten. Der Vorschlag ist wohl sicherlich gut gemeint und schmeichelt Ihnen natürlich. Bevor Sie dies tatsächlich machen, sollten Sie sich erst einmal eine solche Veranstaltung ansehen. Dann erst kann man nämlich feststellen, ob einem selbst und auch dem Hund so etwas liegen würde und gefällt. Nicht jeder Hund ist, egal wie schön er ist, auch ein Ausstellungshund, auch sein Wesen muss dazu passen.

Betrachten Sie genau den Ablauf der Vorführung, was der Hund selbst dazu leisten muss, das wird vom Aussteller dann erwartet. Dazu gehört auch, dass Kritik (wie berechtigt sie auch immer in Ihren Augen sein mag) an dem Tier widerspruchslos hingenommen wird!

Der Hund muss sich „ringgerecht“ vorführen lassen, er muss „Stehen“, sich also auf einem Tisch stehend von einer ihm fremden Person untersuchen und anfassen lassen (Körper abtasten, Mund öffnen, Gebiss ansehen). Lässt er dies nicht zu oder weigert er sich, dann gibt der Richter meist auch eine schlechte Bewertung. Auch insofern, und weil er sich nur dann wirklich gut präsentieren wird, wenn er sich dabei grundsätzlich wohlfühlt, raten wir ausschließlich dann zu Ausstellungen für Ihr Tier, wenn es gewährleistet ist, dass es sich dort offensichtlich wohlfühlt, sich gerne zeigt, gerne „wichtig“ ist. Manche Hunde sind grundsätzlich scheu, zurückhaltend gegenüber Fremden oder anderen Hunden (die es dort in allen möglichen Rassen gibt!). Ein solches Tier wird sich, egal wie schön es auch sein mag, niemals auf einer Ausstellung heimisch fühlen und gestresst reagieren! Daher stellen Sie nur aus, wenn sowohl Hund als auch Herrchen (Frauchen) das wollen (zumindest vermutlich). Auch, wenn man nicht gewinnt, nicht der Beste, Schönste ist, vielleicht noch nicht mal platziert wird, weil eben andere Tiere angeblich schöner sind – für Sie selbst sollte er das doch auf alle Fälle sein und bleiben! Viel von den Bewertungen hängt von der persönlichen Meinung, Ansicht und Auslegung des Richters ab und hat nicht wirklich etwas damit zu tun, wie „gut“ Ihr Hund nun in Echt ist. Er hat meist ganz andere Vorstellungen und auch Hintergrundwissen, das Ihnen vielleicht unbekannt sein mag. Also: eine Ausstellung macht man aus Spaß und Freude mit, nicht unter dem selbst auferlegten Zwang, zu gewinnen!

Anmeldung

Zuerst müssen Sie herausfinden, welcher Verband eine Ausstellung veranstaltet. Suchen Sie einen Ort aus, der nicht zu weit von Ihnen entfernt ist für das erste Mal, damit reduzieren Sie den Stress und die Kosten (Fahrt, Übernachtung). Die Anmeldescheine bekommt man entweder vom Verband zugeschickt, manchmal auch online zum Ausdrucken. Oft kann man sich aber auch auf den Ausstellungen noch nachmelden. Dies sollte man aber vorher erfragen! Beachten Sie den Meldeschluss! Mitnehmen müssen Sie dann für jeden Hund, den Sie mitbringen (egal, ob er bereits ausgestellt wurde oder noch nicht!) einen EU-Heimtierausweis mit den eingetragenen Impfungen. Die Tollwutimpfung darf meist nicht frischer als 4 Wochen sein! Dann benötigen Sie die Papiere, also die Ahnentafel des Tieres, falls erhalten eine Meldebestätigung, den Zahlungsbeleg, eine spezielle Vorführleine (oder Showleine, Fachhandel), einen Startnummernclip (zur Befestigung der Startnummer an Ihrer Kleidung), Pflegeutensilien, Hundetasche oder Box, Decke, Wasserschüssel, etwas Futter, Leckerlis, Spielzeug oder Kauknochen (zur Beschäftigung, falls ihm sehr langweilig werden sollte) und ggfs. für sich selbst einen Klappstuhl (wenn Sie nicht gerne stundenlang herumstehen).

Ankunft

In der Regel kommt man bereits morgens an und, die Unterlagen werden von einem Tierarzt überprüft und man erhält seine Ausstellungsunterlagen im Ausstellungsbüro (oft nur ein Schreibtisch in der Ecke…). . Darin finden sich die Startnummer, die Ihnen zugeteilt wurde sowie eine Liste oder ein Katalog mit den anderen Teilnehmern. Hier ist auch die Reihenfolge aufgeführt, wann welche Klasse dran ist, wie es meist dann auch passiert. Man kann also recht genau feststellen, wann man selbst an der Reihe ist. Zuerst werden die Rüden, dann die Hündinnen, geteilt in die jeweiligen Klassen (Jüngste, Jugend, Offene etc.) gerichtet. Nun sucht man sich selbst einen möglichst guten Sitzplatz, am besten in der Nähe des Rings, wenn man etwas von den anderen Hunden sehen möchte und eventuell auch den Richter beobachten möchte. Ist Ihr Tier besonders unruhig, sollte man sich lieber einen ruhigen Platz suchen mit weniger Trubel. Am besten hat man sowieso eine Begleitperson dabei, dann kann man sich auch abwechseln bei Betreuung und dem Ausspähen. Gegenüber dem Richtertisch sieht man die ausgestellten Tiere bei der Beurteilung am besten. Da Chihuahuas bekanntlich sehr klein sind und daher auf dem Tisch stehen, nicht daneben, steht auch der Richter oder anderen Personen gerne im Blickfeld. Platzieren Sie den Hund neben sich auf einer mitgebrachten Decke oder direkt auf Ihrem Schoß, atmen Sie erst einmal durch und versuchen Sie, ruhig zu bleiben!

Was im Ring geschieht

Meist läuft die Bewertung nach einem bestimmten Schema ab, das wir hier ausführlich beschreiben. Abweichungen sind möglich, vor allem, wenn besonders wenige oder viele Tiere einer Rasse ausgestellt werden.

Tipp

Tragen Sie geeignetes Schuhwerk, eine legere, aber nicht schlampige Kleidung, die farblich einen passenden Kontrast zum Hund bildet.

Der sogenannte Ringsteward, das ist der Helfer des Richters, ruft die jeweiligen Klassen auf. Jeder Ausstellende ist dafür selbst verantwortlich, dass er dann auch erscheint. Daher sollte man sich immer vorher vergewissern, dass noch genügend Zeit ist, wenn man die Halle einmal kurz verlassen will. Mit dem mitgebrachten Clip haben Sie Ihre Startnummer bereits an Ihrer Kleidung befestigt. So kann der Richter und sein Helfer ihn gut lesen. Den Hund führen Sie an der weichen Vorführleine. Nun müssen Sie Ihren Platz in der Reihenfolge der Startnummern der Teilnehmer Ihrer Klasse im Ring finden. So stellen sich also alle auf. Sobald der Richter den Ring betritt (er steht dann meist in die Mitte), stellt jeder seinen Hund in Position, das bedeutet, man richtet ihn so aus, dass er vom Richter gut und deutlich von der Seite her betrachtet werden kann (das ist meist links vom Aussteller). Er bekommt somit einen ersten Überblick über die teilnehmenden Tiere. Danach werden alle Hunde im Kreis bewegt, jeder läuft dem Vordermann hinterher, am besten im vorteilhaften Trab. Halten Sie dabei gut Abstand und wählen Sie das Tempo so, dass Ihr Hund sein schönstes Gangwerk zeigt, nützen Sie den ganzen Ring! Tanzen Sie dennoch nicht aus der Reihe und passen Sie sich dem Vordermann an.

Bei der meist anschließend folgenden Einzelvorführung auf Anweisung des Richters hin kann man seinen Hund dann von seiner besten Seite präsentieren (wenn er denn mitmacht).

Solange man auf diese wartet, lässt man den Hund möglichst entspannen, sonst wird er durch längere Wartezeit in seiner Konzentration überfordert. Dennoch macht es einen guten Eindruck, wenn er auch in der Warteposition relativ vorteilhaft steht.

Sobald der Richter Sie auffordert, sprechen Sie Ihren Hund an und machen ihn aufmerksam. In der Regel wird der Richter das Tier erst einmal körperlich untersuchen und bewerten wollen, dazu stellen Sie es auf den Richtertisch. Es sollte mit dem Kopf oder seitlich zum Richter stehen. Dieser überprüft jetzt das Gebiss, Anatomie, Haarkleid, Körperzustand, beim Rüden das Vorhandensein beider Hoden. Sobald er das Maul öffnen will, stellen Sie sich möglichst so hin, dass der Hund sich nicht nach hinten vom Richter wegziehen kann. Hingreifen dürfen Sie dabei normalerweise nicht. Das Wesen überprüft er, indem er ihn anspricht und auf seine Reaktion und Mimik achtet. So zeigt sich, wie freundlich der Hund ist.

Auf Beißen oder Aggression des Hundes wird bei dieser Prüfung fast immer mit sofortiger Disqualifikation und ohne Bewertung reagiert!

Anschließend wird der Richter oftmals dazu auffordern, den Hund nochmals im Ring zu bewegen. Nun wird der Richter mit dem Steward die Bewertung diskutieren und festsetzen. Oft muss man den Hund nun nochmals bestmöglich präsentieren. Der Richter will sich nun konzentrieren und nicht von Ihnen abgelenkt werden, darum sollten Sie Ruhe bewahren und keine Einwände hervorbringen oder verbal irgendwelche Vorzüge Ihres Hundes betonen. Beachten Sie daher nur Ihren Hund und

versuchen Sie, auch auf ihn Ruhe zu übertragen, denn Nervosität wäre jetzt kontraproduktiv!
Nach der Fällung seines Urteils wird der Richter Sie an Ihren Platz zurückschicken. Dort warten Sie ab. Es wird Ihnen mitgeteilt, ob Sie den Ring verlassen oder bleiben sollen. Meist bleiben die Tiere, die mit der Formwertnote „vorzüglich" bewertet wurden im Ring, während die anderen hinausgeschickt werden. Bei der folgenden Endausscheidung werden noch einmal alle diese Hunde vorgeführt und laufen meist zusammen im Ring, wobei vor allem die Ausstrahlung und die Teamarbeit von Hund und Besitzer bewertet werden.

Tipp zum Aufstellen

Der Hund sollte ungezwungen, harmonisch und frei vor Ihnen stehen. Sein Gewicht hat er dabei auf alle Füße verteilt, zappelt nicht umher, schlägt nicht mit der Rute und schaut freudig zu Ihnen, hält den Blickkontakt.
Beginnen Sie, dies bereits im Welpenalter unter Berücksichtigung seiner noch kurzen Konzentrationsspanne zu üben! Wiederholen Sie die minikurze Übung am besten zweimal. Denken Sie daran, dass dies eine positive Erfahrung für das Tier sein soll! Kontrollieren Sie täglich die Zähne (Lefzen hoch, sanft Kiefer auseinanderschieben, auch die Maulhöhle ansehen), loben Sie fest. So wird dies ein alltägliches, gewohntes Ritual für ihn.

Manchmal folgt auch eine weitere Einzelaufstellung. Nun kommt die letzte Aufstellung, bei dem man nochmals alles geben muss! Die Platztafeln werden aufgestellt in den Nummern 1 bis 4. Erst geht der Richter zum Viertplazierten und lässt ihn an das entsprechende Schild gehen, danach zum Dritt, - Zweit- und Erstplazierten. Mit einer guten Bewertung bekommt man die Chance, den Hund dann auch im „Ehrenring" zu präsentieren. Dieser findet immer am Schluss jeder Ausstellung statt und es werden dort die besten verschiedener Rassen von dieser Veranstaltung stolz nochmals gezeigt.

Wieder einmal präsentiert sich Pablo von Guadalajara(Idefix) wunderbar auf der Ausstellung und nimmt stolz die Siegerurkunde mit nach Hause

VIII. Anhang

Literaturempfehlungen

- Patricia B. McConnell, Das andere Ende der Leine, Was unseren Umgang mit Hunden bestimmt, Piper Verlag

- Anders Hallgren, Hundeprobleme - Problemhunde? Ratgeber für die bessere Erziehung, Oertel und Spörer Verlag

- Christaina Sondermann, Das große Spielebuch für Hunde: Beschäftigungsideen - Spaß im Hundealltag, Cadmos Verlag

- Hans Günter Wolff, Unsere Hunde, gesund durch Homöopathie: Heilfibel eines Tierarztes, Sonntag Verlag

- Heidi Kübler, Schüßler-Salze für Hunde, Die erfolgreiche Heilmethode jetzt auch für Ihr Tier, Gräfe und Unzer Verlag

- Inge Büttner-Vogt, Spiel & Spaß mit Hund: Beschäftigungsideen für zu Hause und unterwegs, Kosmos Verlag

- Celina DelAmo, Welpenschule (Heimtiere): Der sanfte Weg zum Familienhund. 22 Umweltabenteuer, Übungspläne, Ulmer Verlag

- Renate Jones, Welpenschule: Sozialisieren, erziehen & beschäftigen, Kosmos Verlag

- Gisela Fritsche, So fühlt mein Hund sich wohl: Liebevolle Pflege - Gesunde Ernährung - Spiel und Sport - wohltuende Massage - sanfte Heilmethoden, Blv Buchverlag

- Hans Günter Wolff, Unsere Hunde, gesund durch Homöopathie: Heilfibel eines Tierarztes, Sonntag Verlag

- Heidi Kübler, Schüßler-Salze für Hunde, Die erfolgreiche Heilmethode jetzt auch für Ihr Tier, Gräfe und Unzer Verlag

CBV Compbook Verlag

Demski/Engler
Chinese Crested Dog
Der extravagante Charmeur
ISBN 978-3-934473-17-1

Mein Chihuahua Tagebuch
mit Dauerkalender
ISBN 978-3-934473-08-9

Prager Rattler für Anfänger
Auswahl und Kauf,
Erziehung, Haltung, Pflege
ISBN 978-3-934473-13-3

Papillon und Phalène für Anfänger
Auswahl und Kauf, Haltung, Gesundheit,
Pflege
ISBN 978-3-934473-14-0

Liköre!
Fruchtliköre Blütenliköre Sahneliköre
Kräuterliköre & zuckerfreie Liköre
2009
ISBN 978-3-934473-10-2

Kräuter- und Gewürzsalz
101 leckere Salzmischungen,
höllisch scharf bis himmlisch würzig
ISBN 978-3-934473-05-8

Kräuterweine und Elixiere
110 Rezepte
nach Hildegard von Bingen,
Ayurveda und aus der Naturheilkunde,
ISBN 978-3-934473-03-4

Heilpflanzen-Tinkturen
Wirksame Kräuterauszüge mit und ohne
Alkohol
ISBN 978-3-934473-20-1

NATRON – Das weiße Gold in der Küche
Alt bewährt & neu entdeckt
Über 400 Tipps
ISBN 978-3-934473-89-8

David Woods / Elisabeth Engler
Go InSide!
Das David Woods Hypnose-Programm
In 3 Schritten abnehmen, nichtrauchen
und selbstbewusster werden
ISBN 978-3-934473-88-1

Mein Energie-Tagebuch
Tipps und Tricks zum optimierten Energie-
Management im Haus
- mit Kalendarium
ISBN 978-3-934473-03-7

Meine Ölheizung: Kesselreinigung Schritt
für Schritt selber machen
ISBN 978-3-934473-09-6

Rieck, Chrsita
Das Gänseblümchen erinnert sich
Und weitere Wildkräuter-Geschichten
ISBN 978-3-934473-70-6

Parfum Workshop
100 edle Düfte für Sie & Ihn
ISBN 978-3-934473-77-5

Comp
Book
Verlag